应用型人

印刷色彩

PRINTING CHROMATICS

石晶 鲍蓉 杜韦辰 主编

化学工业出版社
·北京·

内容简介

本教材紧紧围绕色彩的感知、分析、理解、运用这一主线展开论述，由浅入深将内容分解为认识色彩、色彩混合、描述色彩、色彩再现、评价色彩、色彩管理、色彩体验七个模块。模块一为初步认识色觉产生的机理和色彩的基本知识；模块二至模块六依次为颜色的描述、彩色印刷图像复制技术、色彩评价、色彩管理等相关知识，这部分是重点和核心内容；模块七通过一系列实验，让学生综合应用所学的知识。

为贯彻落实党的二十大精神，推进教育数字化，本书配有丰富的数字资源，读者可通过扫描书中二维码进行学习。

本书适用于应用型本科、高等职业院校印刷媒体技术、印刷数字图文技术等印刷类相关专业教学使用，也可为印前平面设计、印刷制版、印刷生产及其他相关学科的专业技术人员提供色彩知识讲述。

图书在版编目（CIP）数据

印刷色彩 / 石晶，鲍蓉，杜韦辰主编. -- 北京 : 化学工业出版社，2025. 6. -- ISBN 978-7-122-46597-9

Ⅰ. TS801.3

中国国家版本馆CIP数据核字第20243KK555号

责任编辑：李仙华　蔡洪伟　　文字编辑：蔡晓雅
责任校对：宋　玮　　装帧设计：张　辉

出版发行：化学工业出版社（北京市东城区青年湖南街13号　邮政编码100011）
印　　装：天津市豪迈印务有限公司
880mm×1230mm　1/16　印张 $9^{1}/_{2}$　字数283千字　　2025年10月北京第1版第1次印刷

购书咨询：010-64518888　　售后服务：010-64518899
网　　址：http://www.cip.com.cn
凡购买本书，如有缺损质量问题，本社销售中心负责调换。

定　　价：58.00元

前言

印刷色彩是高等职业印刷类专业的一门核心课程，肩负着培养学生如何精准描述颜色、科学分析颜色、高效复制颜色能力的重任，为适应现代印刷岗位需求奠定坚实基础。党的二十大报告明确提出，推进新型工业化，加快建设制造强国、质量强国；实施科教兴国战略，强化现代化建设人才支撑。对制造业高质量发展、人才自主培养质量提出了更高要求。在此背景下，印刷色彩的精准控制与管理已成为行业升级的关键环节。近年来，我国印刷行业规模持续扩大，技术革新加速，特别是色彩管理技术在高端包装、数字印刷、特种印刷等领域的应用日益广泛和深入。印刷包装行业整体在色彩标准化建设、色彩管理技术应用、数字化流程贯通等方面均有很大的提升空间，对掌握扎实印刷色彩理论基础、具备娴熟色彩测量与调控技能的高素质专业技术技能人才的需求非常迫切。为紧密对接国家战略导向和行业发展需求，本书聚焦当前印刷色彩领域的技术发展趋势与人才能力缺口，系统构建符合高等职业教育特点的色彩知识体系与实践技能训练模块，致力于帮助学生深刻理解印刷色彩原理，熟练掌握现代色彩测量工具与印刷生产色彩标准，提升其在实际生产中分析应用颜色、解决色彩复制问题的综合能力，为我国印刷包装行业向绿色化、数字化、智能化、融合化方向高质量发展输送合格人才。

本教材采用模块化开发理念，将彩色印刷、复制的工作环境及生产流程中使用到的印刷色彩理论和颜色处理技能提炼出来，遵循印刷从业人员对印刷色彩理论的认知规律和应用技能的逻辑关系，对内容进行整合，包括认识色彩、色彩混合、描述色彩、色彩再现、评价色彩、色彩管理、色彩体验七个模块，既可以系统化完整学习，也可以单独学习模块。教材编写中充分发挥“校中厂”和“学徒制”育人优势，多年来与兰州石化职业技术大学印刷有限责任公司、天津中荣印刷科技有限公司合作，开展协同育人培养，分析职业岗位真实工作任务，融入生产型、项目式的案例内容，凸显职业教育特色，立足培养行业所需的技能人才，同时将印刷技能竞赛的内容穿插于内容中，针对性开展色彩体验实践。

本教材由石晶（兰州石化职业技术大学）、鲍蓉（兰州石化职业技术大学）、杜韦辰（兰州石化职业技术大学）主编，鲍蓉负责模块一、模块二、模块三的编写，石晶负责模块四、模块五、模块六的编写，杜韦辰、陆菲（兰州石化职业技术大学）、陈海隆（兰州石化职业技术大学印刷有限责任公司）、王彦（天津中荣印刷科技有限公司）负责模块七的编写及生产案例选用。

本书提供有教材配套课件，可登录 www.cipedu.com.cn 免费获取。由于时间有限，本书难免有疏漏之处，恳请广大读者批评指正。

编 者

2025 年 5 月

目录

标题中带 * 为选修内容，可自行选择学习。

二维码资源目录

开 篇

我们生活在五彩缤纷的世界中，白色的棉花、黄色的玉米、红色的玫瑰、绿色的草地……一切都是大自然的赋予。每个人都可以看到彩色的物体吗？对一个特定的彩色物体而言，每个人产生的颜色感觉相同吗？你喜欢的蓝色与我喜欢的蓝色一样吗？客户对设计公司提供的电子设计效果非常满意，为什么漂亮的电子设计稿却让印刷厂犯了难，使用标准油墨正常印刷输出的产品颜色就是不一样呢？同一张照片，在手机上、电脑上、投影上的颜色显示为什么不同？

欢迎大家来到印刷色彩世界！让我们一起揭开它的神秘面纱！

模块一　认识色彩

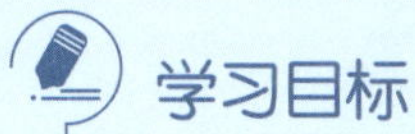
【工匠精神】精益求精

印刷工匠的精益求精精神，是他们在行业中取得卓越成就的关键因素。这种精神不仅体现在他们对技术的不断追求中，也体现在他们对每一个工作细节的严格把控上。这种精神，不仅是他们个人职业素养的体现，也是整个印刷行业不断向前发展的动力。他们的努力和付出，使得印刷品能够更好地满足客户的需求，也为印刷行业的可持续发展做出了贡献。

印刷工匠｜上海出版印刷高等专科学校顾俊杰，获得第 46 届世界技能大赛印刷媒体技术项目金牌。

学习目标

知识目标

- 掌握色觉产生的要素和色觉形成的过程；
- 理解光源与色彩的关系，了解光的色散实验的意义；
- 掌握彩色物体和消色物体的呈色特性；
- 了解人的视觉器官的基本构造，理解明视觉与暗视觉的概念；
- 掌握色彩的三属性，了解光度学和颜色视觉相关理论。

能力目标

- 具有能正确选择印刷生产和检测光源的能力；
- 具有分析所见物体的呈色方式的能力，并能表达对色彩产生的心理感受；
- 具有分析色彩属性的能力，会利用三要素的概念分析色彩。

任务一 色觉的产生

趣味一测

图1-1 纸盒

1. 纸盒里有3块积木，分别是圆形、正方形、三角形。请你闭上眼睛，拿出三角形积木。你能准确无误地完成吗？（　　）

A. 可以　　B. 不可以　　C. 无法确定

2. 纸盒里有3块积木，分别是红色、绿色、蓝色，如图1-1。请你闭上眼睛，拿出红色积木。你能准确无误地完成吗？（　　）

A. 可以　　B. 不可以　　C. 无法确定

大家在看不到纸盒内部的情况下，能够正确拿出三角形积木，这是触觉在发挥作用。想要正确拿出红色积木，需要依靠视觉作用，必须先看到物体，才能辨别颜色，然后拿出红色积木。

人们想要看到彩色的物体，需要满足一定的前提条件。首先是光线适宜的环境，提供观察物体的特定场景；其次是正常的视觉感应系统，具有识别色彩的生理反应、具备色彩认知的辨识能力；然后是待观察的物体，具有相对稳定存在的颜色。综上所述，色觉形成的三要素：光源、健全的视觉系统、物体。国家标准GB/T 5698—2001，将颜色定义为“色是光作用于人眼引起除空间属性以外的视觉特性”。

拓展

相对稳定存在的颜色，主要区别于新型变色材料，如温度变色、湿度变色、压力变色、珠光变色等。在观察物体颜色时，要保持观测状态的稳定性，否则观测结果的色彩不唯一。比如，图1-2邮票上的光致变色图形文字，图1-3冬奥会纪念钞的镭射变色图案。

图1-2 光致变色

图1-3 镭射变色

练一练

请你描述一下，看到图1-4黄色小鸭、彩色积木的色觉形成过程。

图1-4 彩色物体

任务二 光是色彩的源泉

图1-5 彩色树叶

趣味一测

房间里有3盏灯，分别是白炽灯、日光灯、霓虹灯。地上散落着许多的彩色树叶，如图1-5。在不开灯的情况下，你能分辨树叶的颜色吗？如果只允许打开一盏灯，在哪盏灯光下看到的树叶颜色最真实？

一、可见光

在日常生活中，太阳就是人类的第一光源，每天东升西落，普照大地，带给我们光明。这是大自然给予人类的天然光源，无论晴天、阴天、下雨、下雪，太阳光始终都存在，但是每天的光照状态却不完全相同，难以实现人为控制。

“日出而作，日入而息。凿井而饮，耕田而食。”描述了远古人类的生存状况，每天按照太阳的起落安排生活起居，自己凿井耕种，解决温饱问题，如图1-6。试想一下，当我们穿越时空，回到那个古老的年代，没有灯、没有电、没有通信……我们会如何度过一天天的时光呢？

图1-6 远古人类生活

太阳光，是指来自太阳所有频谱的电磁辐射。太阳辐射光谱与温度5800K的黑体非常接近，包括红外线、可见光、紫外线、X射线、无线电波等，如图1-7，并不是所有的电磁波都能引起人眼的视觉反应。刺激人眼能够引起视觉感觉的电磁辐射称为可见光辐射，简称可见光。可见光以横波的方式在空气或其他物质中传播，其波长范围大约在380～780nm（$1nm=10^{-6}mm=10^{-9}m$）。

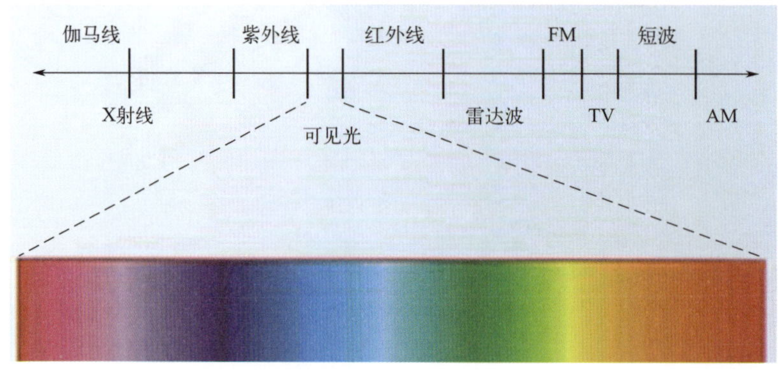

图1-7 可见光光谱

1666年，英国物理学家牛顿第一个揭示了光的色学性质和颜色的秘密，他用实验说明太阳光是各种颜色的混合光。如图1-8，让阳光从一个小孔射入屋内，经过一个三棱镜，然后投射到一块屏上，牛顿惊讶地发现，出现在屏上的居然是一个色彩缤纷的长椭圆形影像。在那个时代，人们对光的本性还一无所知，但牛顿敏锐地意识到：阳光是由不同颜色的单色光组合而成的，出现在屏上的彩色影像，是由于不同颜色的单色光在三棱镜中的偏折角度不同，从而被投射到屏的不同位置所产生的。

可见光由许多不同波长的光组成，不同波长的光具有不同的颜色。把只有一个波长、不能再分解的光，叫作单色光；把多种单色光混合而成的光，叫作复色光。白光在发生色散时，由于同一种介质对不同色光的折射率不同，不同色光在同一种介质中的传播速度不同，因此各种单色光按照不同波长而分散开，波长越短、偏折系数越小、偏离距离越近；反之，波长越长、偏折系数越大、偏离距离越远，如图1-9。由于红、绿、蓝三种色光所占的波长范围较宽，通常将可见光谱划分为三个色区：蓝光区（400～500nm之间）、绿光区（500～600nm之间）、红光区（600～700nm之间）。

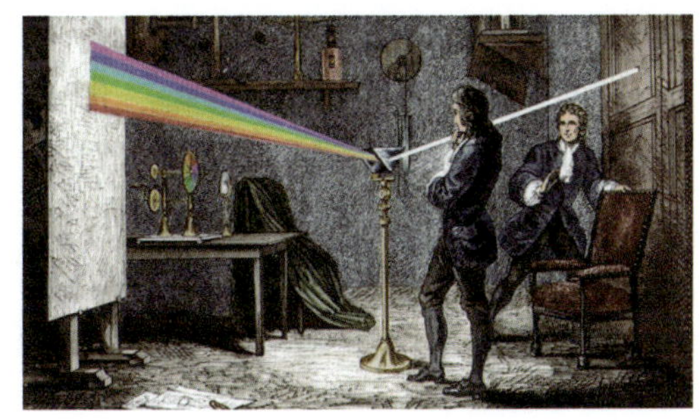
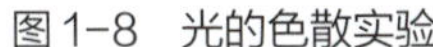

图1-8　光的色散实验

图1-9　光通过棱镜分散后偏折系数变化情况

生活中的白光，人们习以为常，没人注意它包罗万象，经过色散分解后，呈现出红、橙、黄、绿、青、蓝、紫的连续光带，称为可见光谱。这一现象，并不仅停留在实验环境下，人们也会时常偶遇，如图1-10雨过天晴出现的七色彩虹、清晨露珠泛出的彩色微光以及水晶珠宝折射的绚烂光斑……

图1-10　自然现象

练一练

1. 请同学们使用图1-11三棱镜，观察光的色散效果，验证牛顿色散实验。

图1-11　三棱镜

二维码1-1

2. 请同学们合理选用光学镜、白卡纸、黑卡纸，以小组为单位，设计一个色光的分解实验，并拍照记录结果，如图1-12。

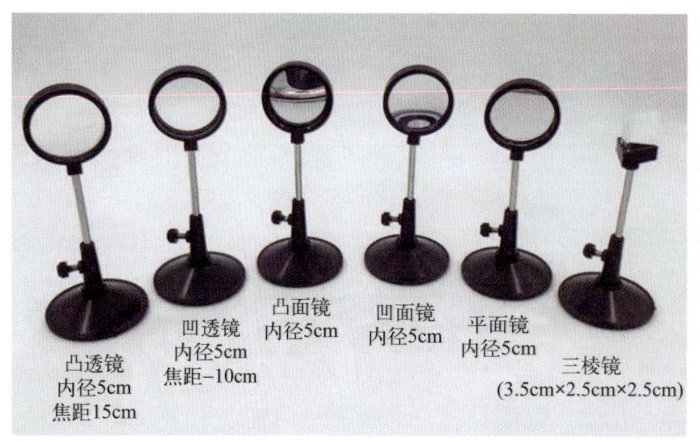

图1-12　光学镜、实验结果记录

二、色相环

将可见光谱的色带按顺序弯曲成圆环形状，两端是红色光和紫色光，得到一个开放的圆环；通过实验发现红色光和紫色光可以混合产生品红色光，于是人为添加了品红色段（即谱外色），使开放的圆环闭合成一个完整的圆环，称之为色相环或色环，如图1-13，分别是完整闭合的色环、十二色环、十六色

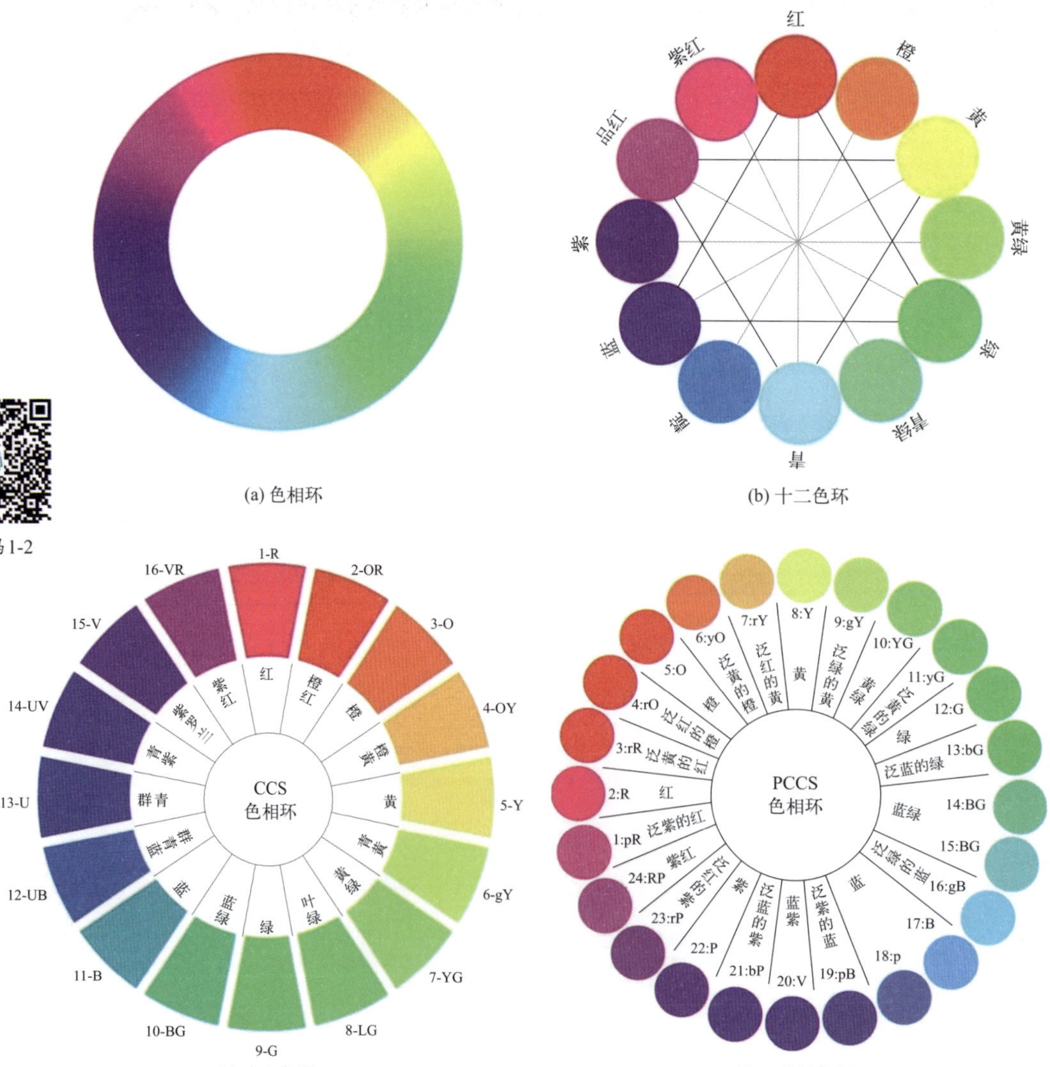

(a) 色相环

(b) 十二色环

二维码1-2

(c) 十六色环

(d) 二十四色环

图1-13　色相环

环、二十四色环。色相环能够直观反映颜色混合的规律，在色彩传达、色彩设计、色彩评价等领域得到广泛应用。人们常说的冷暖色，在色环上的表示：暖色位于包含红色和黄色的半圆之内，冷色位于包含绿色和紫色的半圆之内。

拓展

色相环分“光学色环”和“美术色环”，这两种色环分别是被科学家和艺术家定义的，如图 1-14 一种用来颜色计算调配，一种用来颜色设计搭配。在“光学色环”中的每一种颜色都对应相应波长的光，三原色是指“红绿蓝”；而在“美术色环”中是以现实世界中的颜色定义的，三原色指的是“红黄蓝”。

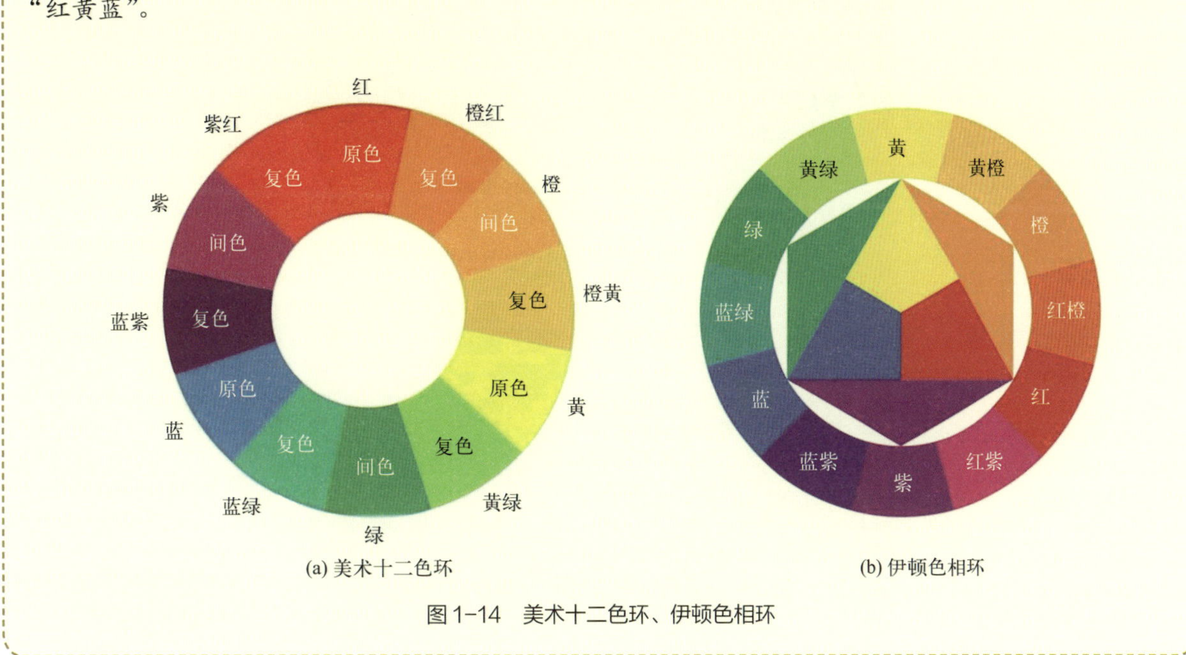

(a) 美术十二色环　　(b) 伊顿色相环

图 1-14　美术十二色环、伊顿色相环

练一练

请同学们任选一种类型的颜料（图 1-15），完成一幅十二色色环。

图 1-15　各种类型的颜料

三、人造光源

趣味一测

你会选购灯具吗？如果给学校的教室安装照明用灯，你会如何挑选？如果给家里的卧室安装照明用灯，你会如何挑选？如果给电影院安装照明用灯，你会如何挑选？如果给蛋糕店安装照明用灯，你会如何挑选？图 1-16 为各种颜色的灯光。

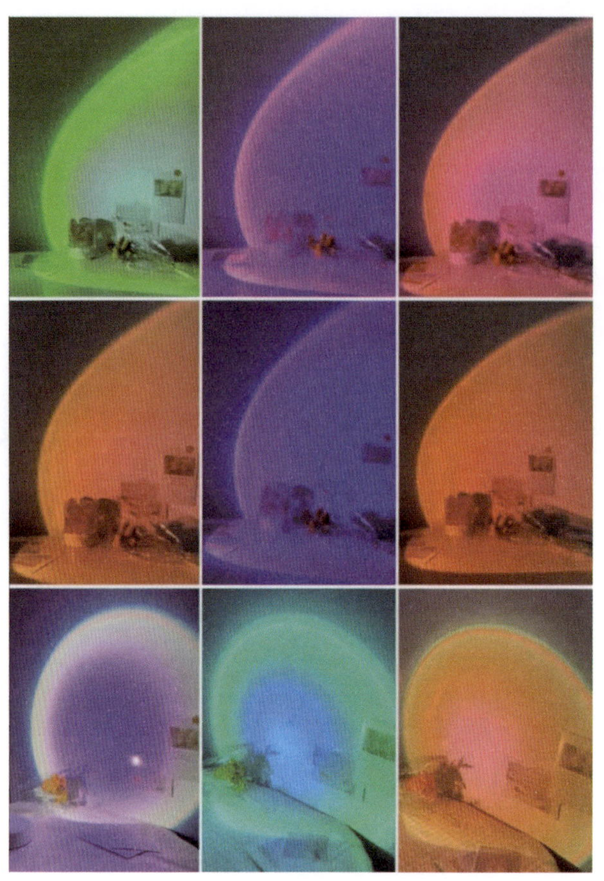

图 1-16　各种类型的灯光

单纯依靠太阳光作为光源已无法满足人类对光的需求，大家对时间的利用不再局限于白天，人造光源的诞生，为人类提供了稳定的、可控的光照环境，让夜晚如同白昼一样色彩斑斓。

太阳光、燃烧的火焰、萤火虫的微光，是大自然的馈赠，属于自然光源。各种类型的灯泡、灯管、灯带，是人们制造加工的，属于人造光源，如图 1-17。

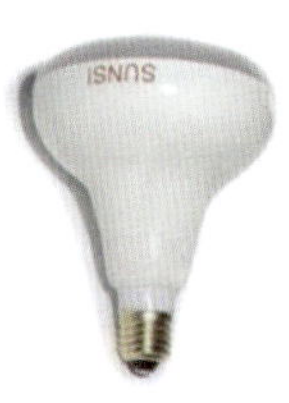

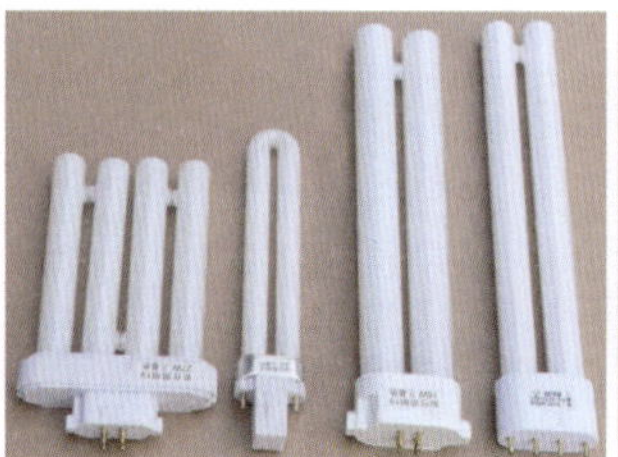
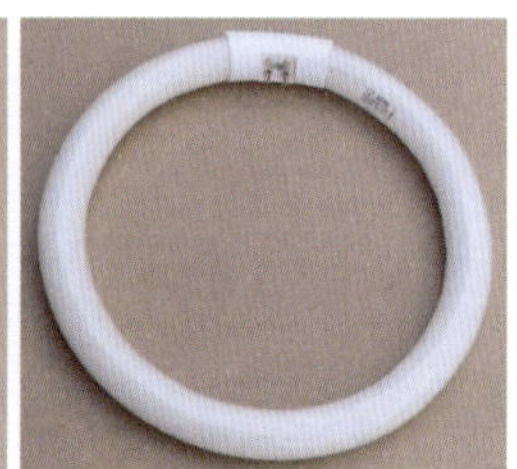

图 1-17　人造光源

日常生活所使用的光源，一般发出的光是复色光，由不同波长的单色光以不同比例混合而成。光源的颜色变化，取决于所发出的光线中不同波长光的相对能量比例，辐射能量按波长分布的规律称为光谱分布。

光源的光谱类型分为 3 种，连续光谱、线状光谱和混合光谱，通常用相对光谱功率分布曲线表示。在平面直角坐标系中，横坐标是光的波长，纵坐标是对各种单色光的辐射能力（即相对功率），将各波长位置上的相对功率值描点连线得到曲线，每条曲线对应表示一种光源的光色，如图 1-18 所示。

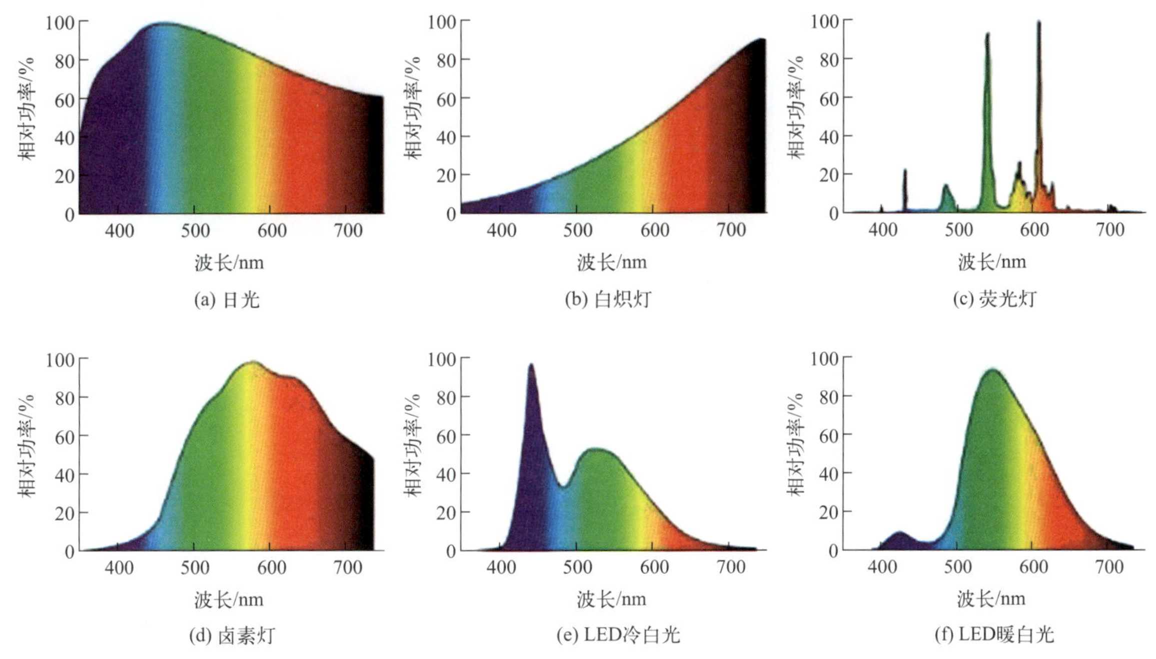

图 1-18　不同光源的相对光谱功率分布曲线

印刷业对光源的要求主要体现在色温、显色性和亮度指标方面。色温决定光源发出的光的颜色，显色性衡量在光源下显示物体真实颜色的能力，亮度反映发光体（反光体）表面发光（反光）的强弱。

1. 色温

表示光源颜色的度量方式，单位用绝对温度 K（开尔文）表示。观察黑体升温（如煤块）的颜色变化趋势，随着温度持续升高，颜色呈现黑色—红色—黄色—白色—蓝色的变化规律。低色温光源，颜色偏红黄，称为暖光；高色温光源，颜色偏蓝，称为冷光。正午白光的色温是 5500K，呈现纯白色，几乎没有色彩倾向。白炽灯的色温约为 2900K，呈现橙黄色。日光灯的色温约为 6000K，呈现略偏蓝的白色。不同光源的色温不同，如图 1-19（a），作为照明光源时，会使被照射的物体呈现颜色差异。与此同时，可以通过图 1-19（b）看到不同色温对应的分光光度曲线也存在明显的差异。

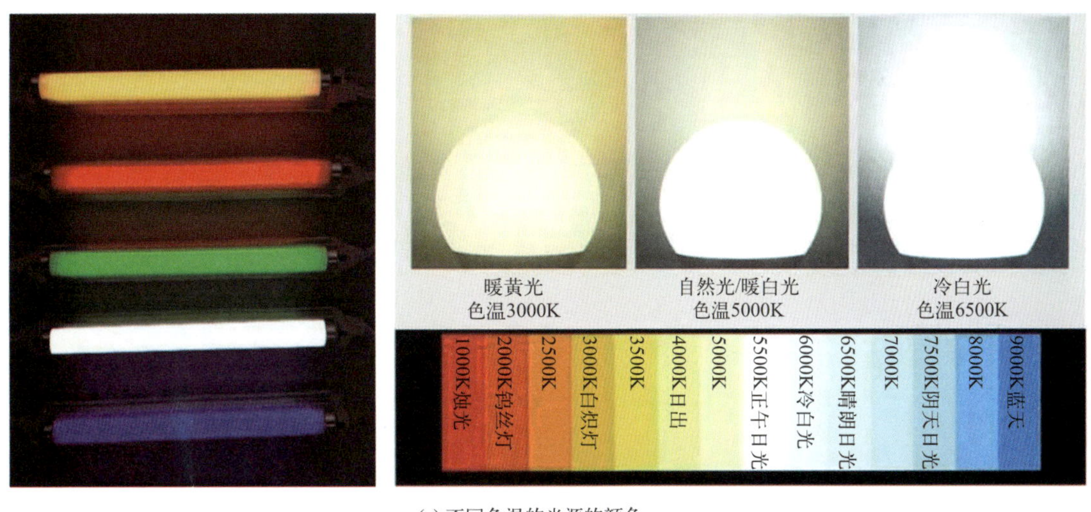

(a) 不同色温的光源的颜色

图 1-19

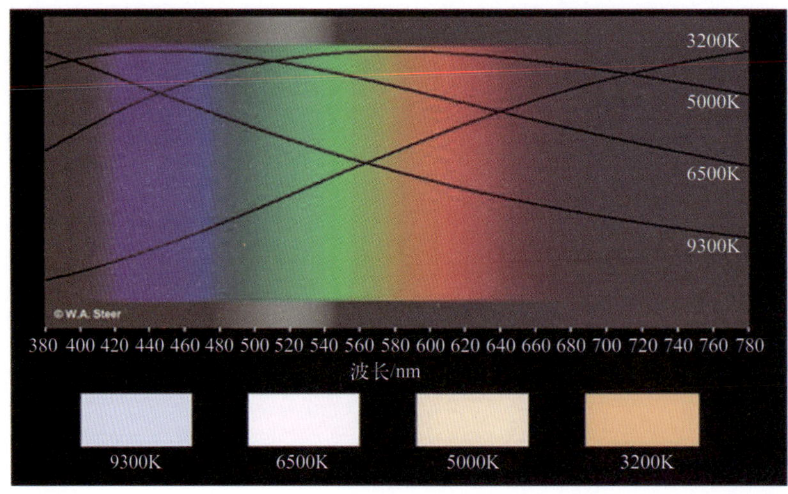

(b) 不同色温的分光光度曲线

图 1-19 不同色温的颜色和分光光度曲线图

2. 显色性

表示不同光源在显示物体真实色彩方面的性能，换言之，相同物体在正午日光下和在某种光源下的物体颜色差异，如图 1-20。一般而言，光谱组成较宽广的光源，更容易提供好的显色品质；光谱组成较窄的光源，因缺乏相应的色光成分，会使物体呈现的颜色出现明显的偏差。光源的显色指数用 *Ra* 来表示，主要衡量光源再现物体色彩的能力，是在特定光源照射下物体所呈现的颜色与它在自然日光照射下所显现的颜色的接近程度的比值。*Ra* 越接近 100，表明该光源的显色性越好。正午日光能辐射出均匀的连续光谱，包含全部波长的可见光色成分，光谱范围最宽、能呈现最为真实的物体颜色，它的显色指数为 100。日常生活使用的人造光源，显色指数高于 75 则认为显色性优良，显色指数介于 50 ～ 75 之间则认为显色性一般，显色指数低于 50 则认为显色性较差。国际照明委员会 CIE 要求，博物馆、艺术馆、印刷场所、纺织场所的光源显示指数应大于 90。

不同显色指数的图像色彩如图 1-21，很明显左侧高于右侧，显色指数越高，色彩还原性越好、色泽越真实。

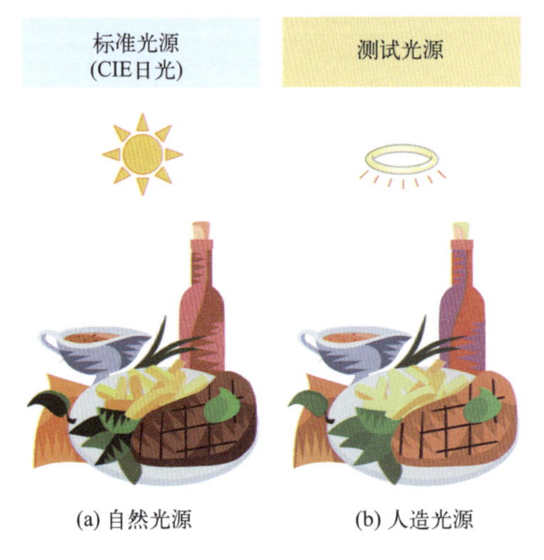

(a) 自然光源　　(b) 人造光源

图 1-20 自然光源和人造光源下物体的差异

图 1-21 不同显色指数的图像色彩

3. 亮度

表示人对光的强度的感受，是一个主观的量。人眼从一个方向观察光源，在这个方向上的光强与人眼所“见到”的光源面积之比，定义为该光源的亮度，即单位投影面积上的发光强度。亮度的单位是坎德拉 / 米 ^{2}（cd/m^2）。如果亮度太低，光线昏暗，不利于观察颜色；如果亮度太高，光线刺眼，也不利于观察颜色；让人眼感到适宜舒服的亮度，才是观察颜色的最佳状态。光源使用太久，光源的亮度会降低。对于印刷观测台的光源，应该定期更换，不能等到坏了才换，这对准确评价印张颜色至关重要。

练一练

请同学们根据应用场景，挑选合适的光源，用直线连接。

暖黄色的光源	结婚的房间
纯白色的光源	孩子的卧室
彩色的荧光灯	会议室
偏红色的光源	化装舞会场地
冷白色的光源	印刷观测台

四、印刷光源的选用

在天气晴好时，可以利用印刷生产车间北窗下的日光作为观察光源评价颜色，该光线柔和稳定，色温基本接近 5000 ～ 6000K，显色性能优良。但对于大型印刷企业，不可能将所有的印刷机都摆放在北窗下，等待自然光的照射，必须科学合理选用印刷光源，如图 1-22，提供性能稳定、光照均匀、显色优良的光照环境，以保证最大效率的印刷复制生产，尤其是看样台和质检处，必须使用能够保证辨色准确的优质光源。

图 1-22　印刷生产车间光源实况

我国印刷行业标准规定，观察透射样品时，照射光源应符合 ISO 3664—2009 印刷标准观察条件，即选用相关色温为 5000K 的 D_{50} 标准光源；观察反射印刷样品时，选用相关色温为 6500K 的 D_{65} 标准光源。

D_{50} 光源和 D_{65} 光源是按照国际照明委员会（CIE）定制标准生产的人造光源，D 表示光源模拟日光，50 和 65 表示光源色温为 5000K 和 6500K，显色指数 *Ra* 大于 90。

对于印刷企业，如果所有光源都使用标准光源，肯定会增加企业成本，因此生产车间一般使用日光灯照明，看样台和质检处使用标准光源 D_{50} 或 D_{65}。作为一名合格的印刷技术专业人才，为了保证印品颜色评价不受光源老化的影响，应养成定期更换标准光源的习惯，一般标准光源的使用寿命为 5000h 左右。有些中小企业为了节约成本，采用自制的接近标准光源的组合光源，将 40W 日光灯三个、20W 蓝荧光灯三个、100W 白炽灯六个装在矩形灯罩内，以获得接近于标准光源的照明效果。

任务三　物体是色彩的载体

人们的生活起居、穿衣戴帽，随时随地和物体在打交道，洗脸用的毛巾、刷牙用的牙膏、化妆用的口红、早餐喝的豆浆、乘坐的公交车、开门的钥匙……实在是数不胜数，这些物体有硬质的、软质的、固体的、液体的、热的、凉的。

在“印刷色彩”课程上，从观察颜色的角度对物体进行分类，可以将物体分为透明物体和不透明物体，也可以分为彩色物体和消色物体（即非彩色物体）。各种物体在阳光的照射下呈现出不同的颜色，原因在于物体对落在其表面的光谱成分有选择性地透射、吸收和反射。这种物体表面对光产生的作用，正是物体产生不同颜色的根本原因，透明体的颜色主要由透射光决定，不透明体的颜色主要由反射光决定。从物理学的角度，光在物体表面的作用还有漫反射、散射等现象，但总体占比较小，在本节研究物体颜色时暂不考虑。

1. 不透明体（包含光滑表面和粗糙表面）

如图 1-23，当光照射在不透明物体上，一部分光被物体吸收，一部分光则被反射。反射光进入观察者的视线，呈现出物体的颜色。结合生活常识，越粗糙的物体表面损失的有效光越多，颜色看上去会显得黯淡无光。

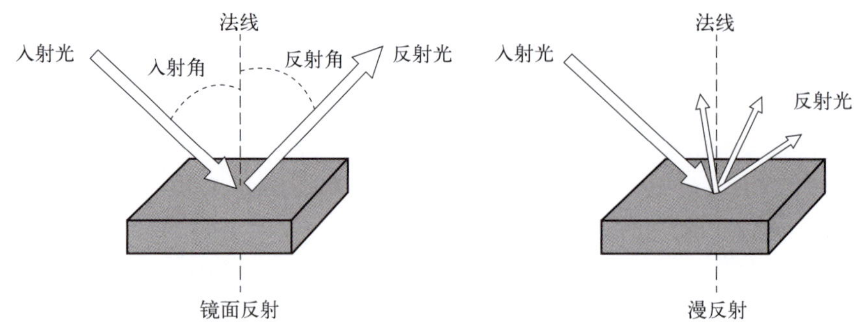

图 1-23　光滑表面和粗糙表面

2. 透明体（包含透明和磨砂透明）

如图 1-24，当光照射在透明物体上，一部分光会透过物体，一部分光则被吸收。透射光进入观察者的视线，呈现出物体的颜色。结合生活常识，透明度越好的物体，吸收光越少、透射光越多，完全透明的物体呈现无色。

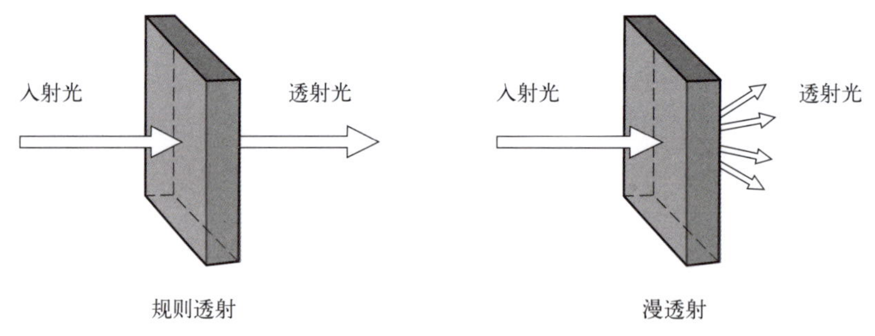

图 1-24　透明和磨砂透明

拓展

磨砂透明产品的表面可以呈现丰富多彩的设计效果，而且磨砂效果具有一定遮挡性，能够起到保护内容物的作用。在家装设计中，使用磨砂玻璃代替透明玻璃的案例非常多，既满足了采光透光的需求，又发挥了美化装饰的作用，兼顾实用性和欣赏性。

3. 彩色物体

物体对入射白光中不同波长的色光的吸收率存在差异，对一部分的色光吸收多，对其余的色光吸收少，这种不等量、不均匀吸收入射光的现象称为“选择性吸收”。物体对光的选择性吸收是形成彩色的根本原因。

结合色觉形成三要素和彩色物体选择性吸收来解释现象：太阳光均匀照向大地，地上放着一本书，书的封面对入射白光进行了选择性吸收，反射的色光进入女孩的眼睛，通过观察与脑反应，女孩认为这是一本绿色封面的书，如图 1-25。到底发生了什么样的选择性吸收呢？回顾可见光的知识，太阳光即为白光，被分解为三个单色光，分别是红色光、绿色光、蓝色光，书的封面是不透明物体，对入射光（红绿蓝）进行反射与吸收，吸收红色光和蓝色光，反射绿色光，进入人眼的色光只有绿色，这就是最终呈现的物体色。

4. 消色物体（非彩色）

如图 1-26，指白色、黑色和深浅不一的灰色，没有色彩倾向。当入射白光照射到物体时，物体对各种波长的色光不加选择地吸收，这种等比例、均匀吸收入射光的现象称为“非选择性吸收”。物体对光的非选择性吸收是形成消色的根本原因。

图 1-25　物体呈色原理

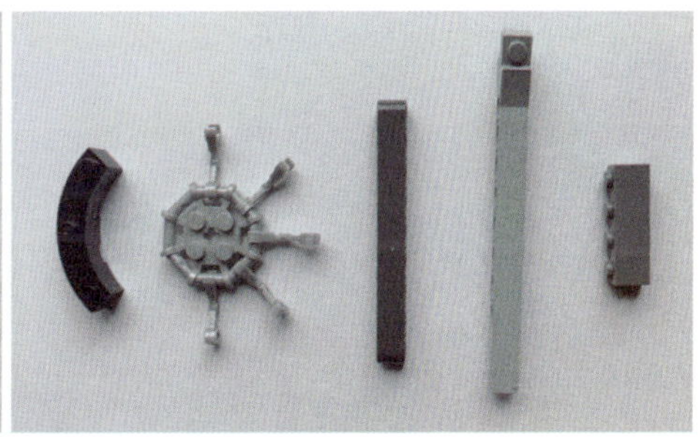

图 1-26　消色物体

观察深浅不同的非彩色物体，入射白光均匀照向多个物体，黑色物体将入射光全部吸收、几乎没有反射光，深灰色物体将大部分入射光等量吸收、少量反射，浅灰色物体将入射光吸收少量、反射大部分，白色物体对入射光基本不吸收、几乎全部反射，进入人眼的反射光越多，视野越亮，明度越高，例如浅灰色和白色。

练一练

以图 1-27 教室中的物品为例，判断它们分别属于不透明体，还是透明体；是彩色物体，还是消色物体。分析它的呈色原因，存在什么样的选择性吸收，什么样的非选择性吸收。

图 1-27　实例分析

任务四　慧眼识色彩

趣味一测

你能看出图 1-28 中的数字或图案吗？

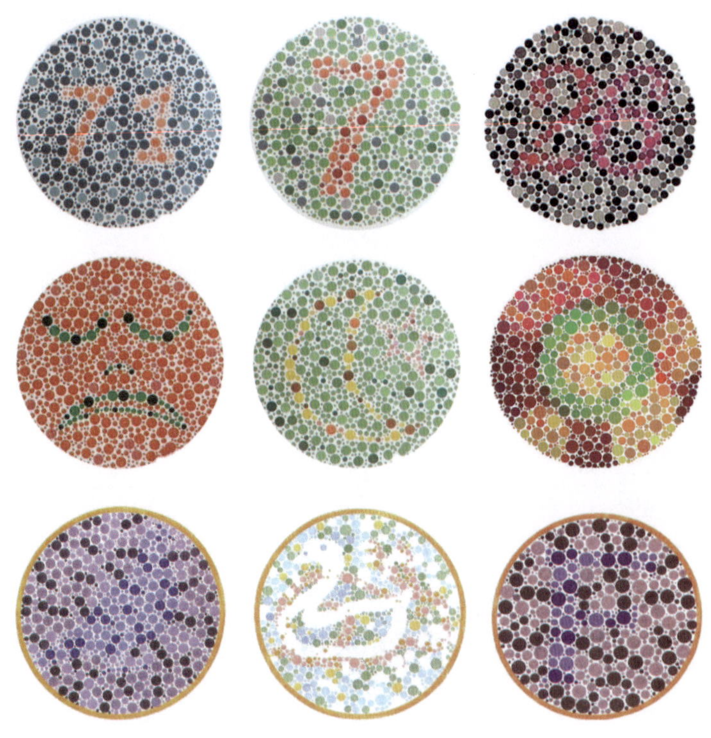

图 1-28　测试图

一、眼球结构

眼睛是心灵的窗户，想要看到漂亮的色彩、美好的事物，都离不开一双明亮的眼睛。人和动物都有眼睛，但眼中的物体成像效果却不一样。

眼球是视觉器官的主要部分，位于眼眶内，后端由视神经连于大脑。人的眼球近似球形，前后径约 24 ～ 25mm。眼球前面角膜的正中点为前极，后面巩膜的正中点为后极，连接前、后两极的直线为眼外轴。

自角膜内面前极至视网膜内面后极的连线为眼内轴，约长 22mm，通过眼内外轴的延长线，统称为眼轴。通过瞳孔中央至黄斑中央凹的直线为视轴。视轴与眼轴相交形成约 5°的夹角。眼球由眼球壁和透明的内容物组成。眼球的屈光系统包括角膜、房水、晶状体和玻璃体；感光系统为眼球壁，由外、中、内三层膜构成，如图 1-29。

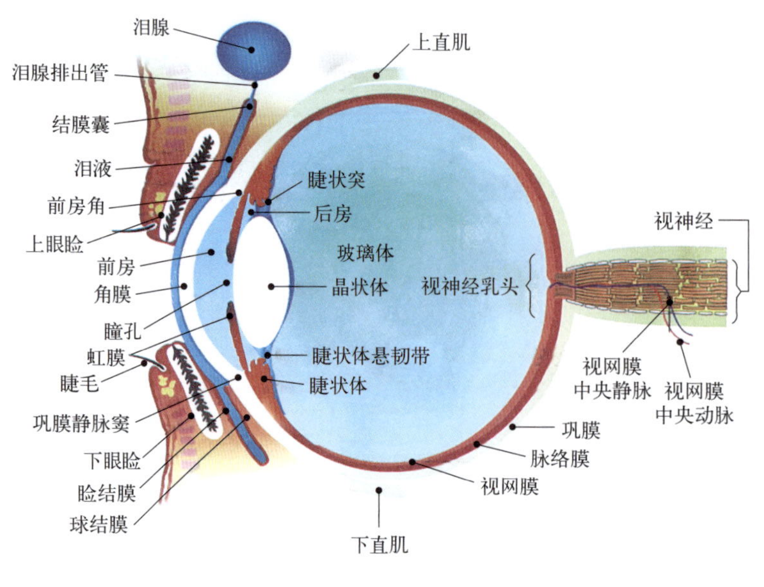

图 1-29　眼球解剖图

外膜为眼球纤维膜，厚而坚韧，保护眼球，与眼内容物共同维持眼球形状。外膜的前 1/6 为角膜，透明微凸，中央部较薄，四周较厚。角膜前曲率半径为 7.84mm，为重要的屈光装置，屈光指数为 1.3771。外膜的后 5/6 为巩膜，成人呈乳白色，厚而不透明。巩膜前接角膜，后方与视神经外鞘相连。

中膜为眼球血管膜，内含血管和色素，营养眼球并使眼球内部形成屏蔽光线的暗箱，有利于光色感应，从后向前分为脉络膜、睫状体和虹膜。脉络膜占中膜的后 2/3，为薄、软、棕色膜，介于巩膜和视网膜之间。前连睫状体，后方有视神经通过。脉络膜外面与巩膜疏松相连，其间有脉络膜间隙，内面与视网膜色素部紧贴。睫状体前接虹膜根部，后续脉络膜，其收缩与舒张可调节晶状体酶曲度。睫状体内有睫状肌，当视近物时，睫状肌收缩，睫状体移向前内，松弛睫状小带，增加晶状体曲度，起近距离调节作用；当视远物时，睫状肌松弛，睫状体后移，拉紧睫状小带，晶状体曲度减小。虹膜为睫状体向前内方的延续，呈环形薄膜，直径约 12mm，中央有圆形瞳孔，似照相机的光圈随光线强弱而缩小或开大，调节进入眼内光线的量。虹膜内含色素的数量和分布情况决定虹膜的颜色，可呈棕黑色、蓝色或灰色等，且因人种而异。

内膜为视网膜，从前向后区分为视网膜虹膜部、睫状体部和视部三部分。前两部分分别附于虹膜和睫状体内面，无神经成分，不感光，称视网膜盲部。视网膜视部附于脉络膜内面，后连视神经，前达锯状缘，与盲部相接，是神经组织膜，有感光作用。视网膜视部又分内、外两部。外部为色素部，紧贴脉络膜；内部为神经部。两层间有潜在性空隙。神经部自外向内由三层细胞构成，即视细胞层、双极细胞层和节细胞层。视细胞层内有光感受细胞，视杆细胞约 1.1 亿～ 1.25 亿个，视锥细胞约 650 万～ 700 万个。这两种细胞内含吸收光能的化学物质，能将光能转化为化学能和电能，产生神经冲动。视杆细胞多数分布在视网膜的周围部，能感受暗光，视锥细胞主要集中在黄斑区，能感受昼光并具有色觉。

眼球后部内面为眼底，正常眼底呈现均匀的橘红色，在眼球后极内侧约 3mm 处有视神经盘，是节细胞的轴突汇集处，无视细胞，不感光，是视网膜的生理盲点。在视网膜颞侧约距视盘陷凹 3.5mm 处，稍偏下方有淡黄色小区为黄斑，直径约 2mm，其中央微凹即中央凹，凹底的视网膜最薄，视锥细胞密集，使射入的光线直达感光敏锐的黄斑视锥细胞。此处每个视锥细胞与单一的双极细胞和节细胞形成一对一的联系，因此中央凹视力最敏锐、最精确。

眼球内容物包括房水、晶状体和玻璃体，如表 1-1 所示。外界光线透过角膜和透明的内容物发生折射，在眼底视网膜上聚焦成像，再经视细胞的感光换能，把光能转变成神经冲动，经视神经、视传导道传入脑的视觉中枢，产生视觉。

房水为无色透明的水样液体，屈光指数为 1.3374。房水除有屈光作用外还营养角膜和晶状体，并维持眼内压。晶状体为双凸形的弹性透明体，后面较前面更凸，位于虹膜和玻璃体之间，无血管、神经分布，屈光指数约 1.4371。晶状体靠本身的弹性回缩增大凸度，增强屈光能力。随年龄增长，晶状体弹力减弱，调节力也随之减弱，即产生“老花眼”。玻璃体为透明无色的胶状体，充填于晶状体和视网膜之间，玻璃体占眼球内腔的 4/5，屈光指数为 1.3360。

表 1-1　眼球结构

<table>
<tr><td rowspan="9">**眼球**</td><td rowspan="6">眼球壁</td><td rowspan="2">外膜</td><td>角膜</td><td>无色透明，富含神经末梢，可以透过光线</td></tr>
<tr><td>巩膜</td><td>白色坚韧，保护眼球</td></tr>
<tr><td rowspan="3">中膜</td><td>虹膜</td><td>棕黑色，中央有瞳孔，可调节进入眼球的光亮（眼睛的颜色）</td></tr>
<tr><td>睫状体</td><td>内有平滑肌，能调节晶状体的曲度</td></tr>
<tr><td>脉络膜</td><td>内有丰富的血管和色素细胞，可遮光形成暗室</td></tr>
<tr><td>内膜</td><td>视网膜</td><td>有感光细胞，能够感受光的刺激，产生兴奋</td></tr>
<tr><td rowspan="3">内容物</td><td colspan="2">房水</td><td>透明的水样液，填充于角膜和晶状体之间，有折光作用</td></tr>
<tr><td colspan="2">晶状体</td><td>无色透明，似凸透镜，有折光作用，有弹性，曲度可调节</td></tr>
<tr><td colspan="2">玻璃体</td><td>位于晶状体后的透明胶状物质</td></tr>
</table>

二、明视觉和暗视觉

明视觉和暗视觉，指不同波长的光刺激在两种亮度范围内作用于视觉器官而产生的视觉现象。视网膜不同部位的视觉敏锐程度不同，当光刺激作用于视网膜中央凹时，视敏度最高，偏高中央凹5°时，视敏度几乎降低一半，在偏离中央凹40°～50°的地方，视敏度只有中央凹的1/20。这与视椎细胞的分布情况相一致，锥体细胞集中分布在视网膜的中央窝及其附近。1912年，J.V. 凯斯提出了视觉的两重功能学说，认为视觉有两重功能：视网膜中央的“锥体细胞视觉”和视网膜边缘的“杆体细胞视觉”，如图1-30，也叫作明视觉和暗视觉。在光亮条件下，锥体细胞能够分辨物体的颜色和细节，人眼可以看到光谱上明暗不同的各种颜色。在微弱光线下，杆体细胞仅能辨别轮廓，不能分辨细节与颜色，整个光谱表现为一条不同明暗的灰带。

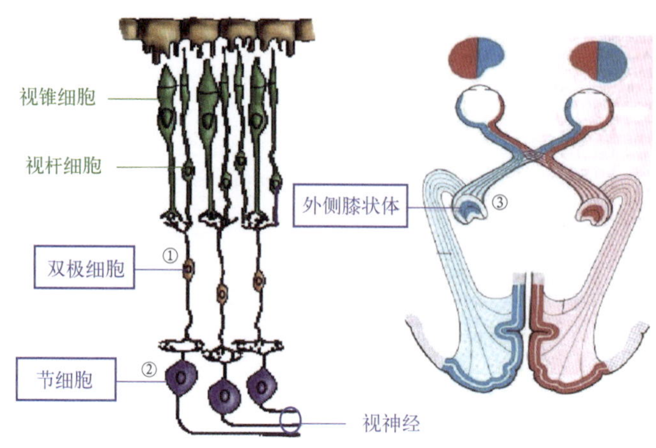

图1-30　视锥细胞和视杆细胞

当人们从光线充足的室外走进昏暗的电影院或地下室时，亮度的突然骤降，眼睛会有短暂的看不清现象，此时椎体细胞活动减弱、杆体细胞活动增强，正值明视觉转为暗视觉的过程，片刻适应黑暗后，人眼便可以大致区分物体的轮廓，如座椅、楼梯、人影……当人们从黑暗的环境突然进入光线明亮处，眼睛无法瞬间承受刺眼的光线，条件反射会让人先闭上眼睛，再慢慢睁开，同样存在暗视觉转为明视觉的自适应过程。

有趣的视觉现象，如图1-31，明暗视觉在打架，黑格中的白点闪烁，静止的图在运动……

图1-31　有趣的视觉现象

三、视觉暂留现象

趣味一测

凝视这个黑色的灯泡 60s，不要眨眼，然后迅速看向白纸或白墙，如图 1-32，你会看到什么神奇的效果？

图 1-32　视觉暂留现象

视觉暂留现象即视觉暂停现象，又称“余晖效应”。人眼在观察景物时，光信号传入大脑神经，需经过一段短暂的时间，光的作用结束后，视觉形象并不立即消失，这种残留的视觉称为“后像”。对于中等亮度的光刺激，视觉暂留时间约为 0.1 ～ 0.4s。1824 年英国伦敦大学教授彼得 • 马克 • 罗杰特在《移动物体的视觉暂留现象》研究报告中最先提出此观点。在历史记载中，中国人最早的视觉暂留运用是宋代的走马灯，走马灯上有平放的叶轮，下有燃烛，热气上升带动叶轮旋转，轮轴上有剪纸，烛光将剪纸的影投射在屏上，图像便不断走动。南宋周密《武林旧事》记叙走马灯，“若沙戏影灯，马骑人物，旋转如飞”。1828 年法国人保罗 • 罗盖发明了留影盘，它是一个被绳子在两面穿过的圆盘，盘的一面画了一只鸟，盘的另一面画了一个空笼子，当圆盘旋转时，鸟就出现在笼子里，如图 1-33。

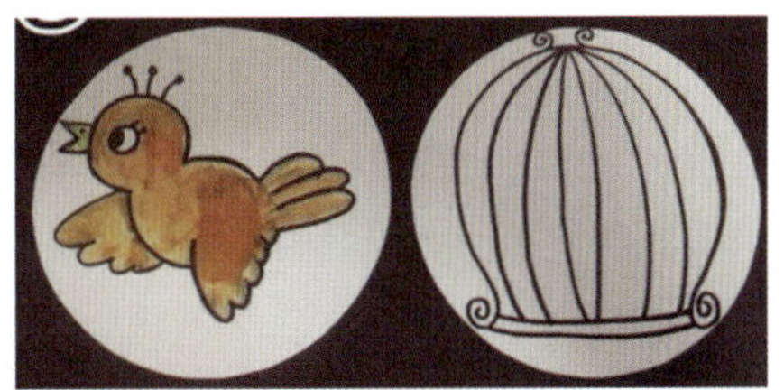

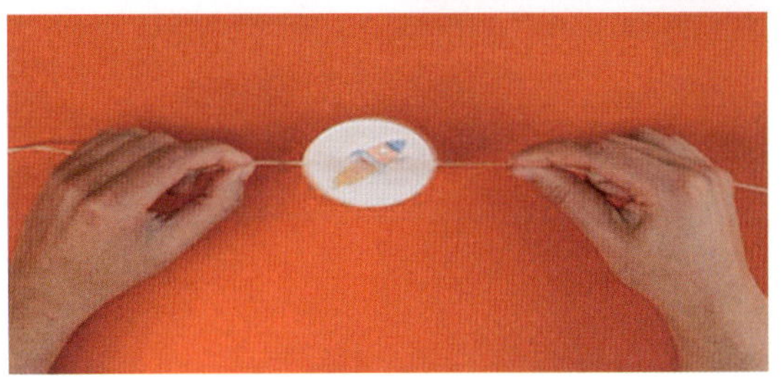

图 1-33　有趣的留影盘

二维码 1-3

练一练

请同学们制作一个有趣的留影盘，图案自己设计。

四、色觉异常

先天性色觉障碍通常称为色盲，不能分辨自然光谱中的各种颜色或某种颜色；对颜色的辨别能力差则称色弱，色弱者，虽然能看到正常人所看到的颜色，但辨认颜色的能力迟缓或很差，在光线较暗时，有的几乎和色盲差不多，或表现为色觉疲劳，它与色盲的界限一般不易严格区分。

1. 色盲分为全色盲和部分色盲（红色盲、绿色盲、蓝黄色盲等）

（1）全色盲。属于完全性视锥细胞功能障碍，与夜盲（视杆细胞功能障碍）恰好相反，患者尤喜暗、畏光，表现为昼盲。仅有明暗之分，而无颜色差别，而且所见红色发暗、蓝色发亮。此外，还有视力差、弱视、中心性暗点、摆动性眼球震颤等症状。它是色觉障碍中最严重的一种，较少见。

（2）红色盲。又称第一色盲。患者主要是不能分辨红色，对红色与深绿色、蓝色与紫红色以及紫色不能分辨。常把绿色视为黄色，紫色看成蓝色，将绿色和蓝色相混为白色。

（3）绿色盲。又称第二色盲，患者不能分辨淡绿色与深红色、紫色与青蓝色、紫红色与灰色，把绿色视为灰色或暗黑色。临床上把红色盲与绿色盲统称为红绿色盲，较常见。平常说的色盲一般就是指红绿色盲。

（4）蓝黄色盲。又称第三色盲。患者蓝黄色混淆不清，对红、绿色可辨，较少见。

2. 色弱包括全色弱和部分色弱（红色弱、绿色弱、蓝黄色弱等）

（1）全色弱。又称红绿蓝黄色弱。其色觉障碍比全色盲程度要低，视力无任何异常，也无全色盲的其他并发症。在物体颜色深且鲜明时则能够分辨；若颜色浅而不饱和时则分辨困难（少见）。

（2）部分色弱。有红色弱（第一色弱）、绿色弱（第二色弱）和蓝黄色弱（第三色弱）等，其中红绿色弱较多见，患者对红、绿色感受力差，照明不良时，其辨色能力近于红绿色盲；但物质色深、鲜明且照明度佳时，其辨色能力接近正常。

每一个发育正常、健康成长的人，都有一双明亮的眼睛，能够看到颜色是与生俱来的能力，但辨识色彩的能力却需要经过训练。从婴幼儿时期，绘本、玩具积木等的使用，已经开始了色彩的认识训练；上学期间的美术绘画，便进入了色彩的应用训练；现在的专业课学习，更深入地走近了色彩的辨识之路。

任务五 色彩的属性

一、色彩三属性

二维码1-4

色相、明度、饱和度是描述色彩视觉感知的三个核心属性，统称为色彩三属性。

1. 色相

也叫色别，指色彩的相貌，色相的变化如图 1-34。如红、橙、黄、绿、青、蓝、紫。无彩色没有色相。

图 1-34 色相的变化

2. 明度

指色彩的明暗程度和深浅程度。明度不仅取决于光源的强度，还取决于物体表面的反射情况。明度越高，颜色越亮，越接近白色；明度越低，颜色越暗，越接近黑色，如图 1-35。无彩色只有明度一个属性。

3. 饱和度

指色彩的纯度。以光谱色为标准，越接近光谱色的色彩其饱和度越高，如图 1-36。人们常常把纯度低的色彩称作“浊色”，纯度高的色彩称为“清色”。无彩色没有饱和度。

图 1-35 明度变化

图 1-36 饱和度的变化

拓展

为什么商贩要在蔬果上喷水？顾客认为带着露水的蔬果，更加新鲜，品质好；带着水滴的蔬果，增加光线反射率，颜色看起来更鲜艳。实际上，人为喷水的蔬果，不容易保存，并非购物优选。

趣味一测

请你用色相、明度、饱和度描述一下图 1-37 中 4 个形状的颜色。

图 1-37 描述图中三属性变化

问题来了，这 4 个形状的色相各不相同，非常容易辨别（从左到右依次是橙色、黄色、绿色、粉红色），4 个色块的明度都比较高，粉红色的饱和度比另外 3 色要低一些。由于没有清晰的界限划分，难以准确描述。

二、系统命名法

为了对颜色做大致定性定量的说明，采用“系统命名法”，先确定基本色相，然后在色相名前加上明度和饱和度的修饰词。人们对彩色的色相、明度、饱和度进行了界定：基本色相名有 7 种，分别是红、橙、黄、绿、青、蓝、紫；明度修饰词有 5 种，分别是极明、明、中、暗、极暗；饱和度修饰词有 3 种，分为浅（或淡）、中、深，如图 1-38。

彩色色名 = 明度或饱和度修饰词 + 基本色相名

图 1-38 彩色的命名

无彩色是指明度不同的黑、白、灰等颜色，只有明度一个属性。白色是明度最大的颜色、黑色是明度最小的颜色，直接用原名称进行表示。其余无彩色都称为灰色，在明度上存在差异，如图 1-39。

灰色色名 = 明度修饰词 + 灰色

图 1-39 无彩色的命名

有些灰色带有微弱的彩色倾向，但饱和度极低，接近于无彩色。对这部分颜色，可以在无彩色色名前再加上色彩倾向修饰词来表示。常用的色彩倾向修饰词有 5 种，分别是微红的、微黄的、微绿的、微蓝的、微紫的，如图 1-40。

微彩灰色色名 = 色彩倾向修饰词 + 明度修饰词 + 灰色

三、习惯命名法

柠檬黄、鹅掌黄、芥末黄、鸭蛋黄、枯草黄、棕黄、杏黄……这些都是形容黄色的词语，每个颜色都与生活中的物品有关，既是色彩的联想，又是色彩的形象表示。这种颜色的命名方式被称为“习惯命名法”。

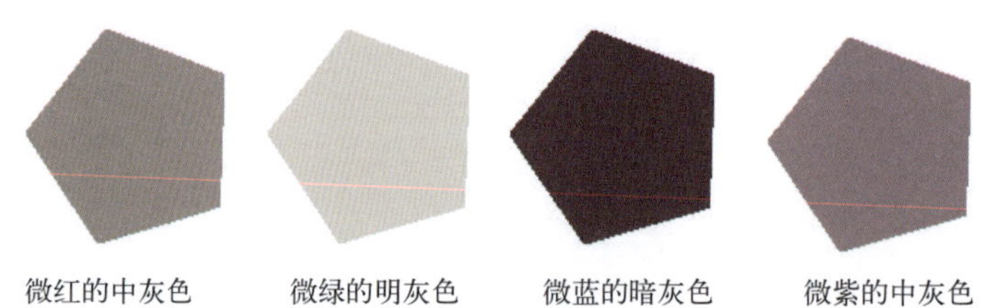

图 1-40　微彩灰色的命名

有些使用花草树木的颜色命名，如桃红色、草绿色；有些使用动物的颜色命名，如孔雀蓝、大象灰；有些使用天地日月的颜色命名，如天蓝色、水绿色；有些使用金属矿石的颜色命名，如古铜色、石青石；有些使用染料颜料的名称命名，如苯胺紫、甲基红。习惯命名法应用如图 1-41。

赤铜色 #78331e	向日葵色 #ffc20e	新桥色 #50b7c1	乳白色 #d3d7d4
赤褐色 #53261f	郁金色 #fdb933	浅葱色 #00a6ac	薄钝 #999d9c
金赤 #f15a22	砂色 #d3c6a6	白群 #78cdd1	银鼠 #a1a3a6
赤茶 #b4533c	芥子色 #c7a252	御纳户色 #008792	茶鼠 #9d9087

图 1-41　习惯命名法应用

练一练

根据表 1-2 中的信息，请同学们说出 3 ～ 5 种用习惯命名法的颜色。

表 1-2　习惯命名法应用

蓝色系	天蓝、湖蓝、孔雀蓝、海蓝……
红色系	枣红、朱砂红、甲基红、桃红……
绿色系	苹果绿、牛油果绿、草绿、青葱绿……
黄色系	柠檬黄、鹅黄、土黄、迎春黄……
无彩色	炭黑、焦黑、雪白、银白……

诗句与成语中都有描述颜色的内容，美轮美奂，极具意境。蓝，源于自然，“水色天光共蔚蓝”是夜色中静穆的蓝；“上有蔚蓝天，垂光抱琼台”是冬日里澄净的蓝。请参照表 1-3 中诗词名句，分组进行交流。

表 1-3　与颜色有关的诗词

<table>
<tr><td>词语</td><td>姹紫嫣红、五彩缤纷、碧海青天
五颜六色、青山绿水、苍翠欲滴
万紫千红、花红柳绿、唇红齿白
碧波荡漾、浮翠流丹、碧空如洗</td><td rowspan="4">诗句</td><td>天净沙·春　元·白朴
春山暖日和风，阑干楼阁帘栊，杨柳秋千院中。
啼莺舞燕，小桥流水飞红。</td></tr>
<tr><td rowspan="3">诗句</td><td>望庐山瀑布　唐·李白
日照香炉生紫烟，遥看瀑布挂前川。
飞流直下三千尺，疑是银河落九天。</td><td>天净沙·夏　元·白朴
云收雨过波添，楼高水冷瓜甜，绿树阴垂画檐。
纱厨藤簟，玉人罗扇轻缣。</td></tr>
<tr><td>望洞庭　唐·刘禹锡
湖光秋月两相和，潭面无风镜未磨。
遥望洞庭山水翠，白银盘里一青螺。</td><td>天净沙·秋　元·白朴
孤村落日残霞，轻烟老树寒鸦，一点飞鸿影下。
青山绿水，白草红叶黄花。</td></tr>
<tr><td>绝句二首　唐·杜甫
其一
迟日江山丽，春风花草香。
泥融飞燕子，沙暖睡鸳鸯。
其二
江碧鸟逾白，山青花欲燃。
今春看又过，何日是归年。</td><td>天净沙·冬　元·白朴
一声画角谯门，半庭新月黄昏，雪里山前水滨。
竹篱茅舍，淡烟衰草孤村。</td></tr>
</table>

任务六* 色彩的设计应用

趣味一测

你是一名包装设计师。客户需要一款母婴产品的包装，你会首选哪些颜色？客户想要一套动漫盲盒的包装，你会首选哪些颜色？客户要设计一系列婚庆产品包装，你会首选哪些颜色？

一、色彩的联想

当人们看到不同色彩时，能联想和回忆某些与该色彩相关的事物，进而产生相应的情绪变化，通常分为具体联想和抽象联想，如表 1-4。

表 1-4 色彩的联想

红色	色彩的具体联想	五星红旗、血液、火焰……	色彩的抽象联想	热情、活力、危险……
蓝色		蓝天、大海、远山……		平静、理智、稳重……
黄色		阳光、柠檬、黄金……		光明、希望、财富……
橙色		香橙、夕阳、灯光……		温暖、丰收、甜蜜……
绿色		树叶、草地、森林……		和平、安全、新鲜……
紫色		葡萄、紫罗兰、薰衣草……		神秘、梦幻、高贵……
白色		白云、雪花、医生……		光明、干净、纯洁……
黑色		夜晚、墨汁、煤炭……		寂静、严肃、恐怖……

色彩联想，是指由商品、广告、营业环境或其他各种因素给消费者提供的色彩感知，而联想到另一些事物的心理活动过程。例如提到环保首先想到绿色。

棕色，秋天自然景观的专属色彩，表现土地的沉着与厚重、朴素、友善、自信。在黄调偏多的金棕色系中，可以感受到浓郁、古典、田园及贵族风范，也可联想到巧克力的甜味和面包的香气。

灰色，浅色调的灰温和、清秀，中调的灰理性、现代，深色调的灰坚决、稳重。任何色彩褪色时，都会形成一种独特的灰色调，表现一种与世无争的格调与境界，如图 1-42。

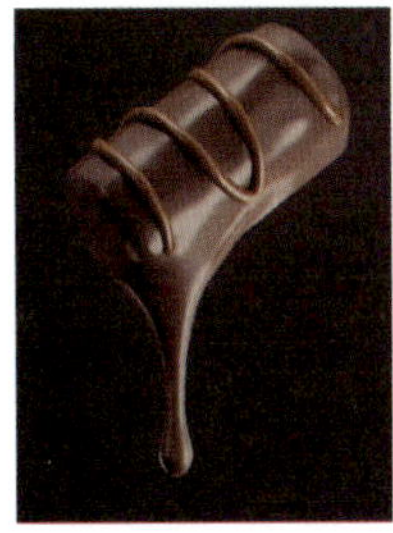

图 1-42 颜色在生活中的应用

色彩联想自由而丰富，可以从色彩联想到空间、联想到温度、联想到质量，比如色彩的膨胀与收缩、色彩的冷暖感（图 1-43）、色彩的轻重感。

图 1-43　色彩冷暖的感觉

在同样的空间环境中，不同的装饰色彩会使人们产生不同的空间感和温度感，比如红色、粉色装饰的房间，容易给人一种暖和的感觉，同时产生一定空间上的收缩感，而蓝色、淡绿色装饰的房间，给人的感觉更为凉爽舒畅，感觉空间也略大一些。游泳馆偏爱蓝绿色装扮，快餐店喜好红橙色点缀，如图 1-44。

图 1-44　游泳池、快餐店中颜色的应用

二、色彩的对比

1. 色相对比

是两种以上色彩组合后，由于色相差别而形成的色彩对比效果，其对比强弱程度取决于色相之间在色相环上的距离（角度），距离越小则对比越弱，反之则对比越强，如图 1-45。

色环上相距 15°的颜色，属于同类色相对比（最弱对比），具有柔弱、含蓄、朴素的感觉。色环上相距 30°的颜色，属于类似色相对比（弱对比），具有柔和、文雅、肃静的感觉。色环上相距 30°～ 60°的颜色，属于邻近色相对比（弱对比），具有和谐、雅致、丰富的感觉。色环上相距 90°的颜色，属于中差色相对比（中对比），具有明快、活泼、丰富的感觉。色环上相距 120°～ 150°的颜色，属于对比色相对比（强对比），具有醒目、强烈、兴奋的感觉。色环上相距 180°的颜色，属于互补色相对比（最强对比），具有响亮、跳跃、刺激的感觉。如图 1-46。

图 1-45　色相对比在生活中的应用

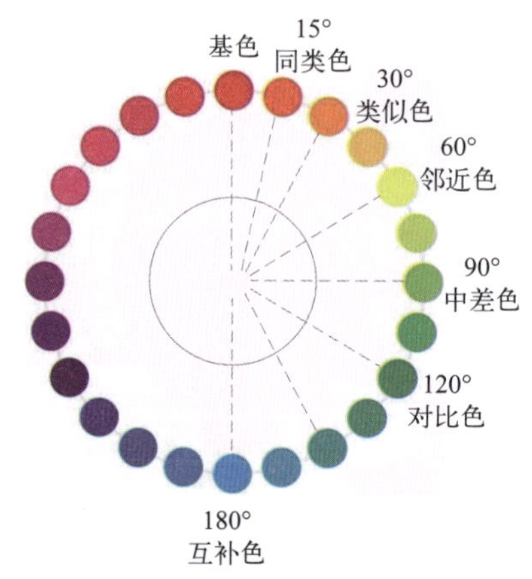

图 1-46　色相对比的类型

2. 明度对比

以明度差别为主而产生的色彩对比。如图 1-47，把无彩色从黑到白的明度变化分为 9 个等级，称为明度梯尺。彩色同样可以在明度梯尺上找到对应的位置。除了黑色和白色，明暗程度在 1 ～ 3 级之间的颜色属于低明度颜色、4 ～ 6 级之间的颜色属于中明度颜色、7 ～ 9 级之间的颜色属于高明度颜色。

（1）明度基调对比。版面设计的整体明度，以高明度颜色为主进行搭配，称为高调或亮调；以中明度颜色为主进行搭配，称为中间调；以低明度颜色为主进行搭配，称为低调或暗调。

（2）明度反差对比。版面上各种颜色之间的明度差别，反差大的颜色搭配称为长调；反差小的颜色搭配称为短调；明度对比适中的颜色搭配称为中调。

综合考虑明度基调与明度反差的不同，明度对比可分为九种，即高长调、高中调、高短调、中长调、中中调、中短调、低长调、低中调、低短调。

图 1-47　明度对比

3. 饱和度对比

以饱和度不同而形成的色彩对比。将饱和度的差别分为 12 级，无彩色定为 0 级、1 ～ 4 级为低饱和度、5 ～ 8 级为中饱和度、9 ～ 12 级为高饱和度。

色彩搭配使用时，各种颜色的饱和度差别在 4 个级差之内，称为饱和度弱对比；差别在 5 ～ 8 个级差之间，称为饱和度中对比；差别在 8 个级差以上，称为饱和度强对比，如图 1-48。

图 1-48　饱和度对比

观察图 1-48 发现：从左到右呈现色相对比，从上到下呈现饱和度和明度对比。色彩三个属性存在彼此影响，当某种色相的饱和度发生变化时，它的明度会随之改变；当某种色相的明度发生变化时，它的饱和度也会随之改变；不同色相本身就存在明度和饱和度的差异。

练一练

1. 请同学们参照图 1-49 设计一幅四季图，使用相同的构图、不同的色彩来表现。

图 1-49　四季图

2. 请同学们参照图 1-50，发挥想象设计一款富有彩虹元素的产品（文化创意产品设计）。

图 1-50　文化创意产品设计

任务七* 光源的物理参数

趣味一测

平时大家在看手机的过程中，是不是屏幕越亮颜色显示就会越好呢？（　　）

A. 是　　　　B. 不是　　　　C. 无法确定

一、辐射能量

光源以电磁波辐射形式发射、传输或接收的能量称为辐射，单位为焦耳（J）。

辐射通量是以辐射形式发射、传输或接收的功率，符号为 $\phi_e(\lambda)$，单位为瓦特（W），表示光源在单位时间内通过某一面积发射、传递或接收的辐射能量。数学公式为：

$$\phi_e(\lambda)=\frac{\mathrm{d}Q_e(\lambda)}{\mathrm{d}t} \tag{1-1}$$

辐射通量 $\phi_e(\lambda)$ 只表示光源元面积在单位时间内传送出的客观能量的多少，但并不反映这些能量所能引起的人们的主观视觉强度。

光源在单位时间内在给出表面上流出可见光能的大小称为光通量，光通量是能够被人眼视觉系统感受到的那部分辐射功率大小的量度，以 $\phi_v(\lambda)$ 表示，单位为流［明］，符号 lm。显然，光通量与辐射通量之间的关系可表示为：

$$\phi_v(\lambda)=KV(\lambda)\phi_e(\lambda) \tag{1-2}$$

式中，$V(\lambda)$ 为随波长变化的函数，称为光谱光效率；K 为辐射能当量。

K 值为 683lm/W，可理解为辐射通量为 1W 的 555nm 波长的单色辐射等于 683lm 的辐射通量，或是 1lm 555nm 单色光的光通量相当于 0.00146W 辐射通量。光谱光效率函数就是辐射能转化为人眼可见光的程度，而光通量可以理解为光谱不同波长辐射能对人眼产生光亮感觉作用的数量特征的度量。在人眼可以感觉到的光谱能量部分，由于人眼对各种波长的感受性作用，各个波段所产生的光感觉程度也不同。

二、发光强度

通常情况下，光源在不同方向上辐射的光通量是不同的。为表示光源在不同方向上的发光特性，特指定方向用发光强度来表示。发光强度是光源在指定方向单位立体角内包含的光通量，以 I 表示，单位为坎［德拉］（简称 cd），1 坎［德拉］表示在单位立体角内辐射出 1 流［明］的光通量，如图 1-51。

$$I=\frac{\mathrm{d}\phi}{\mathrm{d}\omega} \tag{1-3}$$

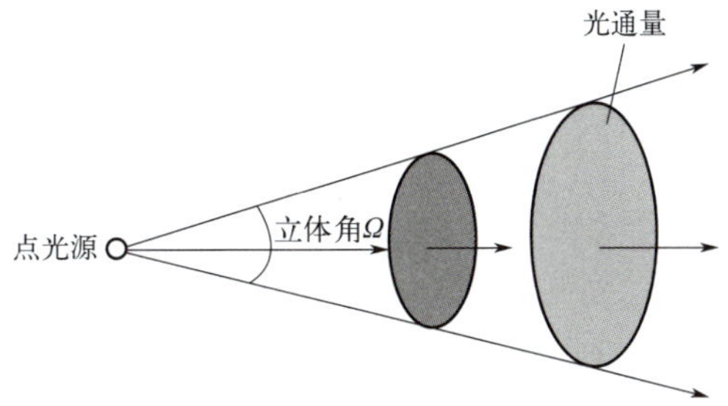

图 1-51　立体角示意图

圆锥体的底面积 S 与距离 r 的平方之比为 1 时，圆锥体所包围的顶角称为单位立体角（ω）。如果点光源为各向同性即发光强度各方向相同，则可以用有限立体角 ω 代替小立体角 $\mathrm{d}\omega$，即：

$$I=\frac{\phi}{\omega} \tag{1-4}$$

1967 年 CIE 规定：在 101325Pa 压力下，处于铂凝固温度（2045K）的绝对黑体的 1/60cm^2 表面在垂直方向上的发光强度定作 1 坎［德拉］（cd）；发光强度为 1cd 的点光源在单位立体角（一个球面度）内发出的光通量为 1lm。

三、照度

接收面上被光源照射，在接收面上一点处的光照度等于照射在该面上的光通量与该面积之比，即：

$$E=\frac{\mathrm{d}\phi}{\mathrm{d}s} \tag{1-5}$$

照度符号为 E，单位是勒克斯（lx），当 1lm 的光通量均匀地照射在 $1m^2$ 的面积上时，这个面上的照度就是 1lx，即 $1lx=1lm/m^2$。

居家照度一般为 100 ～ 300lx，烈日照度 100000lx，办公室、教室照度 300lx，路灯照度 51lx，星光照度 0.0003lx。在国际标准 ISO 3664：2009 中规定了印刷品比较时的照度为（2000±500）lx，最好是（2000±250）lx。

四、亮度

亮度是光源在单位面积上的发光强度，用 L 表示，单位是 cd/m^2。光源在某一方向上的发光能力可以用发光强度来表示。即：

$$L=\frac{dI}{dS\cos\theta} \tag{1-6}$$

式中，θ 是给定方向与单位面积元 dS 法线方向的夹角。

亮度是电视、显示器、投影仪等设备的重要技术指标，在 ISO 3664：2009 中规定用于软打样的彩色显示器的亮度不低于 $80cd/m^2$，最好不低于 $160cd/m^2$。

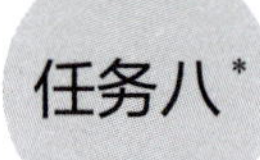

任务八* 颜色视觉理论

趣味一测

人类视觉发育的关键期大概在什么时期？（　　）

A. 青春期　　　　B. 出生后　　　　C. 终身

自然界中有各种各样的物种，人们一直在质疑，动物是否也能辨别出色彩呢？经过长期的研究得到一个结论：动物世界中只有部分成员能辨别出部分颜色，大部分爬行动物和哺乳动物都是色盲。

一般来说，人类对于颜色的分辨能力远高于动物。大多数哺乳动物是色盲，如牛、羊、马、狗、猫等，几乎不会分辨颜色，反映在它们眼睛里的色彩，只有黑、白、灰三种，如同之前看的黑白电视一样，颜色比较单调。还有些动物，比如鸟类、鱼类、昆虫等，有四种或更多种感光细胞。这些动物可以看到人类看不到的颜色，比如紫外线、红外线等。其中最厉害的动物就是螳螂虾了。螳螂虾是一种生活在海洋中的甲壳类动物，它们的眼睛有 12 种感光细胞，还可以检测紫外线和圆偏振光。螳螂虾的 14 色视觉让它们可以在深海中分辨出各种微妙的颜色变化，找到食物和伴侣，还可以用来传递信息和威慑敌人。

在人类的视网膜上存在两种感光细胞：一种是视锥细胞，另一种是视杆细胞。前者是明视觉，在光照足够的时候起作用，锥体细胞能够分辨物体的颜色和细节，人眼可以看到光谱上明暗不同的各种颜色。后者是暗视觉在光照不足的时候起作用，杆体细胞仅能辨别轮廓，不能分辨细节与颜色，整个光谱表现为一条不同明暗的灰带。目前已知存在着三种视锥细胞，颜色视觉的三色理论认为，在视网膜中存在着三个独立的颜色处理通道，并且这些通道是由于不同视锥细胞中不同类型的视色素造成的。三色理论不仅说明为什么红、绿、蓝为色光三原色，还说明某种颜色不只是单一波长的色光，它还可以是由其他色光组合而成的。这个理论最初由 Young 在 1807 年提出，后由 Helmholtz 在 1862 年通过实验结果进行验证。1872 年，Hering 又提出了颜色的对立机制理论，即四色理论，这个理论似乎与三色理论相矛盾，他认为在视网膜的层次中存在着以颜色差异为基础的处理机制。这种模型得到了许多证据的支持，也在一定层面上很好地解释颜色视觉的一些生理和心理现象。近期的研究证明，上述两种颜色视觉处理模型都是正确的，只是它们在不同的颜色处理层面上起着作用。将两种学说合并统一为阶段学说。

一、三色学说

1807 年 Young 提出了人的视觉神经由红、绿、蓝三种原色以不同比例混合可以产生各种颜色的假设，这个假设被以后的颜色混合实验所证实。在此基础上 1862 年 Helmholtz 提出了一个颜色视觉的生理学理论。他假设在人眼内有三种基本的颜色视觉感色细胞，即有感红细胞、感绿细胞及感蓝细胞，它们分别对可见光谱中的长波（红色光）、中波（绿色光）和短波（蓝色光）敏感。光对三种细胞的不同程度刺激产生自然界中的颜色。后来发现这些假设的细胞和视网膜的锥体细胞的作用相类似，所以近代的三色理论认为三种颜色感光细胞实际上是视网膜的三种锥体细胞。每一种锥体细胞包含一种色素，三种锥体细胞色素的光吸收特性不同，所以在光照射下它们吸收和反射不同的光波。

当色素吸收光时，锥体细胞发生生物化学变化，产生神经兴奋。锥体细胞吸收的光越多，反应越强烈；吸收的光越少，反应就越弱。因此，当光谱红端波长的光射到第一种锥体细胞上时它的反应强烈，而光谱蓝端的光射到它上面时反应就很小。黄光也能引起这种锥体细胞的反应，但比红光引起的反应要弱。由此可见，第一种锥体细胞是专门感受红光的，相似地，第二种和第三种锥体细胞则分别是感受绿光和蓝光的。

大家已经知道，红、绿、蓝三种原色以不同比例混合可以产生各种颜色。白色包括光谱中各种波长的成分。但用白光刺激眼睛时，会同时引起三种锥体细胞的兴奋，在视觉上就会产生白色的感觉。当用黄光刺激眼睛时，将会引起红、绿两种锥体细胞几乎相等的反应，而只引起蓝色细胞很小的反应。这三种细胞不同程度的兴奋结果产生黄色的感觉。正如颜色混合时，等量的红和绿加上少量的蓝会产生黄色一样。其他颜色也可由此产生。

三色学说优点：可以解释不少颜色现象，在涉及颜色测量和颜色数值计算时，三色学说理论与实验数据是完全相符的。现代的彩色印刷、彩色摄影、照相分色及彩色电视机等都是基于三色学说。缺点：三色学说不能很好地解释有些现象。例如：色盲现象，蓝色锥体细胞对波长大于 600nm 的光波是不敏感的。所以可认为在此波长以上的刺激将产生带绿的红色感觉，但实际上人们看到的是黄红色或橙色。同时，三色学说不能很好地解释颜色对比和颜色适应的现象。上述三色模型不考虑白和黑，这些现象意味着颜色信息到达锥体细胞以后，还需要进行信号处理，而这个功能把经过三通道变换后的信号再变换到新的空间。这个新空间的特征似乎应该用 Hering 提出的四色学说颜色对立机制理论来说明。

托马斯·杨（Thomas Young，1773—1829），英国医生、物理学家，光的波动说的奠基人之一（图 1-52）。1807 年，Young 提出了红、绿、蓝三种原色。他不仅在物理学领域名享世界，而且涉猎甚广，包括光波学、声波学、流体动力学、造船工程、潮汐理论、毛细作用、用摆测量引力、理论力学、数学、光学、声学、语言学、动物学。他对艺术还颇有兴趣，热爱美术，几乎会演奏当时的所有乐器，并且会制造天文器材，还研究了保险经济问题。而且托马斯·杨擅长骑马，并且会耍杂技走钢丝。

图 1-52　托马斯·杨

二、四色学说

四色学说又叫对立学说。早在 1864 年 Hering 就根据心理物理学的实验结果提出了颜色的对立机制理论，又叫四色理论。他的理论是根据以下的观察得出的：有些颜色看起来是单纯的，不是其他颜色的混合色，而另外一些颜色则看起来是由其他颜色混合得来的。一般人认为橙色是红和黄的混合色，紫色是红和蓝的混合色。而红、绿、蓝、黄则看起来是纯色，它们彼此不相似，也不像是其他颜色的混合色。因此，Hering 认为存在红、绿、蓝、黄四种原色。

Hering 理论的另一个根据是人们找不到一种看起来是偏绿的红或偏黄的蓝。红和绿，以及黄和蓝的混合得不出其他颜色，只能得到灰色或白色。这就是，绿刺激可以抵消红刺激的作用；黄刺激可以抵消蓝刺激的作用。于是 Hering 假设在视网膜中有三对视素，白 - 黑视素、红 - 绿视素和黄 - 蓝视素，这三对视素的代谢作用给出四种颜色感觉和黑白感觉。每对视素的代谢作用包括分解和合成两种对立过程，光的刺激使白 - 黑视素分解，产色神经冲动引起白色感觉；无光刺激时，白 - 黑视素便重新合成黑色感觉，白灰色的物体对所有波长的光都产生分解反应。对红 - 绿视素来说，红光作用时，使红 - 绿视素分解引起红色感觉；绿光作用时使红 - 绿视素合成产生绿色感觉。对黄 - 蓝视素来说，黄光刺激使它分解于是产生黄色感觉；蓝光刺激使它合成于是产生蓝色感觉。因为各种颜色都有一定的明度，即含有白色的成分，所以，每一种颜色不仅影响其本身视素的活动，而且也影响白 - 黑视素的活动。

根据 Hering 学说，三种视素的对立过程的组合产生各种颜色和各种颜色混合现象。当补色混合时，某一对视素的两种独立过程形成平衡，因而不产生与该视素有关的颜色感觉。但所有颜色都有白色成分，所以引起白 - 黑视素的分解，从而产生白色或灰色感觉。同样情况，当所有颜色同时都作用到各种视素，红 - 绿、黄 - 蓝视素的对立过程都达到平衡，而只有白 - 黑视素活动，这就引起白色或灰色感觉。

Hering 学说很好地解释了色盲、颜色负后像等现象。色盲是缺乏一对视素（红 - 绿、或黄 - 蓝）或两对视素的结果。Hering 学说的最大问题是对三原色能产色光谱上的一切颜色这一现象没有给以说明。

三、阶段学说

三色学说和四色学说一个世纪以来一直处于对立的地位，如要肯定一个学说似乎就要否定另一个学说。在一段时期，三色学曾占上风，因为它有更大的实用意义。然而，最近一二十年，由于新的实验材料的出现，人们对这两个学说有了新的认识，证明二者并不是不可调和的。事实上，每一个学说都是对问题的一个方面进行了正确的解释，而必须通过二者的相互补充才能对颜色视觉获得较为全面的认识。

现代生理学研究指出，视网膜中可能存在三种不同的颜色感受器，它们是三种感色的锥体细胞，每种锥体细胞具有不同的光谱敏感特性。同时在视网膜和神经传导通路的研究中，发现神经系统中可以分为三种反应——光反应（L）、红绿反应（R-G）、黄蓝反应（Y-B），这符合 Hering 的对立学说。因此可以认为，在视网膜中锥体的感受水平是一个三色机制，而在视觉信息向脑皮层视区的传导通路中变成四色机制。

颜色视觉的过程可以分为几个阶段。第一阶段，视网膜有三组独立的锥体感色物质，它们有选择地吸收光谱不同波长的辐射，同时每一种物质又可单独产生白和黑的反应。在强光作用下产生白的反应，无外界刺激时是黑的反应。第二阶段是把第一阶段的三种锥体细胞的刺激进行重新编码，并向大脑皮层传导。第一种颜色编码是黄 - 绿信号，它接收来自红、绿两种锥体细胞的输入，然后依照它们的相对强度发出信号。第二种信号编码是黄 - 蓝信号，在这里黄色信息是由来自红和绿两种锥体的输入加以混合而成的。由这三种锥体的输入而编码的信息是一个光的亮度（白 - 黑）信息。可见在视神经传导通路水平是四色的，这就是第二阶段。而在大脑皮层的视觉中枢，接收这些输送来的信息，产生各种颜色的感觉，为颜色视觉过程的第三阶段，如图 1-53 所示。可见，三色学说和对立学说终于在颜色视觉的阶段学说中得到了统一。

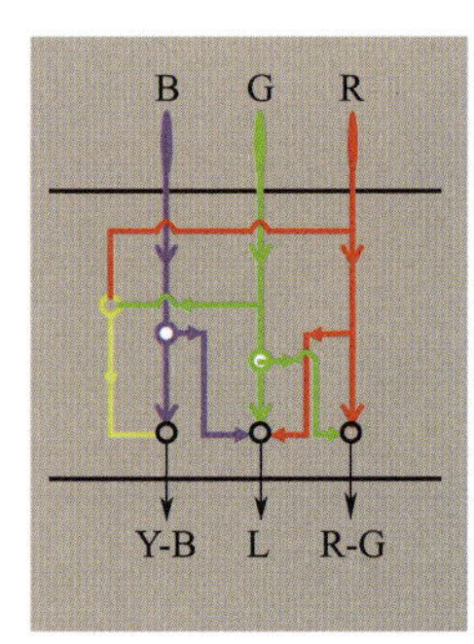

图 1-53　阶段学说示意图

模块二　色彩混合

【大国工匠】技能成就梦想

职业能力的培养需要循序渐进，会做人、能做事，先成人、后成才。既要打好专业基础、了解工艺流程，又要练好岗位技能、掌握操作方法，更要学会与人协作、树立职业自信。三百六十行，行行出状元，对于印刷行业同样适用。一旦选定行业，就要一门心思地扎根下去，不断学习和提升自己的技能，努力成为这个行业的佼佼者。职业技能大赛通常每两年举办一届，希望同学们以此为目标，彰显自己的实力，努力站上领奖台，技能成就梦想。

世赛人物｜上海出版印刷高等专科学校张淑萍，获得第 43 届世界技能大赛印刷媒体技术项目银牌。

学习目标

知识目标

- 掌握色光加色法的原理，熟悉加色混合的规律；
- 理解色料减色法的原理，熟悉减色混合的规律；
- 掌握色光与色料等量混合的关系；
- 了解加色混合的类型，理解静态混合和动态混合的实际应用。

能力目标

- 具有能对色光混合做出判断的能力，并能分析其呈色方式；
- 具有能对色料混合做出判断的能力，并能分析其混合的类型和过程；
- 能利用色料三原色进行间色调配。

色彩混合，包括色光加色混合和色料减色混合两部分，规律不同，关联不小。印刷生产全流程包含印前设计与制版、印刷生产复制、印后加工成型等环节，数字化印前设计利用计算机完成，颜色呈现依靠屏幕，属于发光体，遵循色光加色混合规律；印刷生产利用油墨传递到承印物表面呈现颜色，属于不发光体，遵循色料减色混合规律；印刷样张的品质查验利用人眼和测色仪器共同完成，需要满足明视觉的工作环境，色光是必备要素之一，自然离不开色光加色混合，有色物体也是必备要素之一，同样离不开色料减色混合；印前制版利用数字化流程进行分色和制版，属于色料混合的逆应用，相当于加法和减法的关系，学好色料减色混合非常重要；印后加工的类型较多，以美化印刷品为目的，一般不会造成印品的色彩损失，属于色光混合看效果、色料混合管过程的状态。

任务一 色光混合

趣味一测

小黑屋里有5个彩色灯泡，分别是红色、黄色、蓝色、绿色、紫色，如图2-1，想要让房间达到最亮的白光状态，你该怎么办？把灯全部打开还是打开一部分灯？

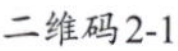
二维码2-1

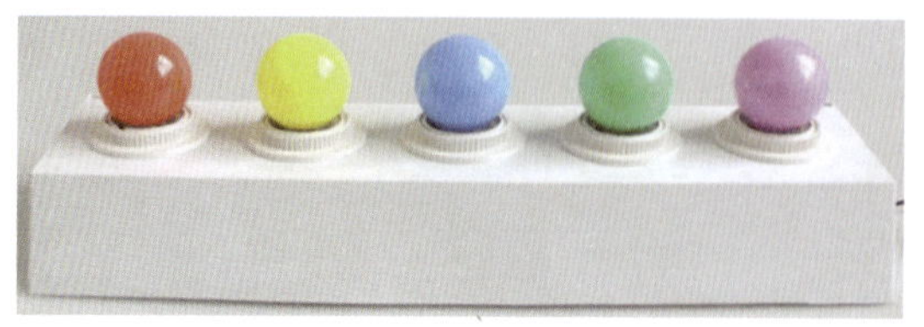
图2-1 彩色灯泡

一、色光三原色

色光三原色是指本身具有独立性，三原色中的任何一种颜色都不可以由其他两种颜色混合而成，但是其他的颜色可以用三原色按照不同的比例混合产生的色光。三原色的确定可以从光的物理特性和人眼的视觉生理特性考虑。

由牛顿的色散实验可知，白光通过三棱镜后会分解成红、橙、黄、绿、青、蓝、紫七种单色光，这七种单色光不能再分解，但是它们能够重新再组合成白光。对色散后得到的鲜艳清晰的可见光谱仔细观察，我们会发现各种单色光所占的波长范围的宽度是不一样的，比较突出的是红光、绿光、蓝光，这三种并不相邻的单色光所占的区域较宽，而其余四色所占的区域较窄。如果适当调整三棱镜的折射角度还会发现，当色散不太充分时，屏幕上最醒目的光就是红光、绿光和蓝光，其余的几种单色光几乎消失不见。从光的物理刺激角度出发，人们首先选定了红、绿、蓝3种单色光，它们在光谱中波长范围最宽、最鲜艳、最突出。

从人眼的视觉生理特性来看，人眼的视网膜上有三种感色锥体细胞，分别是感红细胞、感绿细胞、感蓝细胞，这三种细胞分别对红光、绿光、蓝光敏感。当其中一种感色细胞受到较强的光刺激时，就会引起该感色细胞的兴奋，产生该色彩的感觉。人眼的三种感色细胞具有合成的能力。当白光进行刺激时，感红细胞、感绿细胞、感蓝细胞产生相同程度的兴奋，从而产生白色的感觉；当复合色黄光刺激人眼时，使得感绿细胞和感红细胞同等兴奋，从而产生黄的感觉；当三种感色细胞接收不同比例的刺激后，就产生不等的兴奋，形成相应的颜色感觉。由此可见，能够分别引起人眼的感红细胞、感绿细胞、感蓝细胞产生兴奋的单色光，正是红光、绿光和蓝光。

综上所述，色光中存在三种最基本的色光，它们的颜色是红光、绿光和蓝光。这三种色光，既是白光分解后得到的主要色光，又是混合色光的主要成分，并且能与人眼视网膜细胞的光谱响应相匹配，符合人眼的视觉生理效应。这三种色光以不同比例混合，几乎可以得到自然界中的一切色光混合，色域最大；而且这三种色光具有独立性，其中一种原色光不能由另外的原色光混合而成，我们称红光、绿光、蓝光为色光三原色。为了统一认识，1931年国际照明委员会（简称CIE）规定了三原色的标准波长：红色光700.0nm、绿色光546.1nm、蓝色光435.8nm（表2-1）。

在色彩学研究中，为了便于定性分析，常将白光看成是由红、绿、蓝三原色光等量相加而合成的。

二、色光加色法

两种或两种以上的色光相混合时，会同时或者在极短的时间内连续刺激人的视觉器官，使人产生一

表 2-1　三原色波长一览表

原色光	标准波长	英文单词	用字母表示
红色	700.0nm	red	R
绿色	546.1nm	green	G
蓝色	435.8nm	blue	B

种新的色彩感觉，混合后产生的新色光比混合之前的单个色光更为明亮，这种色光混合被称为加色混合，如图 2-2。这种由两种以上色光相混合呈现另一种色光的方法，称为色光加色法。

色光加色法的实质是色光相加混合后，色光能量相加，所以，加色混合的结果是得到能量值更高、更明亮的新色光。简而言之，色光相加，能量相加，越加越亮。

图 2-2　色光混合实验

1. 两种原色光的混合

将任意两种原色光以一定比例混合后，产生的新色光称为中间色光，如图 2-3 所示。新产生的色光的能量可以认为是两种原色组成成分的能量相加的总和，能量相加会使亮度提高。

任意两种原色光等量混合时，能够得到三种典型的中间色光。把红光和绿光等量混合，会产生黄色光；把红光和蓝光等量混合，会产生品红色光（可见光谱中并不存在）；把绿光和蓝光等量混合，会产生青色光。

图 2-3　两种原色光等量混合结果

任意两种原色光不等量混合时，能够得到一系列渐变的新色光。以红光和绿光混合为例，当红光定量不变，逐渐减少绿光的含量，便可以看到黄—橙黄—橙—红等一系列颜色的变化；当绿光定量不变，逐渐减少红光的含量，又可以看到黄—黄绿—嫩绿—绿等一系列颜色的变化。在颜色混合过程中，新色光的色相总是趋向于比例大的那个原色光，如图 2-4 所示。

图 2-4　任意两种原色光变量混合的结果

2. 三种原色光的混合

将三种原色光以一定比例混合后，产生的新色光称为复色光。新产生的色光的能量来自三种原色组成成分的能量相加之和，明度相对较亮。

三种原色光等量混合时，能够得到一系列由深渐浅的灰色、白色，都是无彩色光。深浅不一的灰色光，可以看作亮度不同的白光（深灰色光＝明度较低的白光、浅灰色光＝明度较高的白光），如图 2-5 所示。

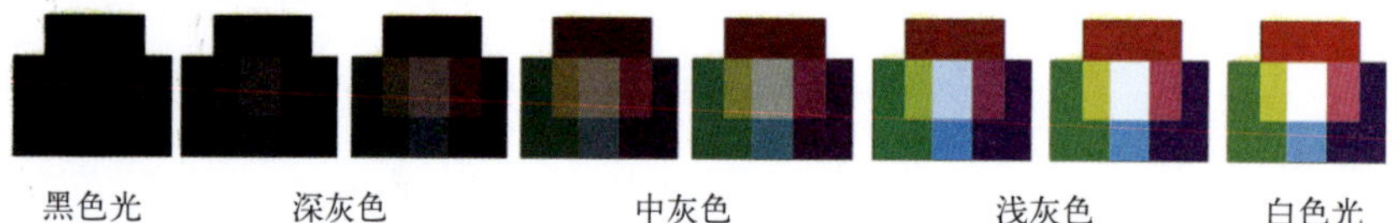

图 2-5　三原色光各种强度混合的结果

拓展

符号“≡”，是“等价于”的意思，英文表示 is equivalent to。

三种原色光不等量混合时，能够得到一系列的新色光。在颜色混合过程中，新色光的色相趋向于所占比例较大的一种或两种原色光，如图 2-6 所示。三色混合时，所占比例最小的一种原色光为基准，找到三原色等量的部分，这部分色光混合后形成了相应明度的无彩色光，没有色相；而余下的那部分色光，才决定新色光的色相。

图 2-6　三原色不等量混合

3. 互补色光的混合

在色相环上，相距 180°的两个颜色，是一对互补色。在色光加色法实验中，已知三原色等量相加可以得到白光。由于红光和绿光等量混合得到的效果是黄光，所以可以认为黄光和蓝光等量混合可以形成白光。

红光＋绿光＋蓝光＝黄光＋蓝光＝白光　　R+G+B=Y+B=W

红光＋绿光＋蓝光＝红光＋青光＝白光　　R+G+B=R+C=W

红光＋绿光＋蓝光＝绿光＋品红光＝白光　　R+G+B=G+M=W

最典型的三对互补色光，即红光和青光、绿光和品红光、蓝光和黄光，如图 2-7 所示。

图 2-7　色环上的互补色

拓展

太阳初升或降落时，一部分色光被较厚的大气层反射到太空中，一部分色光穿透大气层到达地面，由于云层厚度及位置不同，人们有时可以看到透射的色光，有时可以看到部分透射和反射的混合色光，使天空出现了丰富的色彩变化。

利用互补色来做遮瑕修色效果最好。比如皮肤暗黄用紫色隔离霜可以变白，血管型黑眼圈用橙色眼影遮瑕，红血丝和痘痘肌适宜选用绿色遮瑕，如图 2-8。

图 2-8　生活中互补色的应用

练一练

请同学们利用电脑屏幕体验色光混合，验证加色法的实质。

打开 word，新建空白文档，插入任意形状，设置形状填充—其他填充颜色，弹出参数设置窗口，如图 2-9，颜色模式选 RGB，分别调整红色、绿色、蓝色的数值，即可验证色光三原色的等量混合、不等量混合。

图 2-9　色光混合实验

三、色光混合的基本规律

1. 补色律

每一种色光都有一种对应的补色光，如果某一色光与其补色光以适当的比例混合，便会产生白光；如果按照其他比例混合，则产生颜色偏向于比例大的那种色光的新颜色。一种色光照射到其补色的物体上，则光被吸收，物体呈现黑色。比如用蓝光照射黄色物体、用绿光照射品红色物体。

2. 中间色律

任何两种非互补色光混合，便产生中间色。其颜色取决于两种色光的相对能量（色相偏向于比例大的），其鲜艳程度取决于两者在色相顺序上的远近。将两种色光混合可以得到最常见的中间色，如果不断改变两种色光的比例，便能够得到一系列的中间色。

3. 代替律

颜色外貌相同的光，不管它们的光谱成分是否一样，在色光混合中都具有相同的效果。换言之，凡是在视觉效果上相同的颜色都是等效的，可以互相代替使用。如果色光 A=B、C=D，那么 A+C=B+D。

已知色光 A+B=C，如果没有直接色光 B，而 X+Y=B，根据代替律，可以由 A+X+Y=C 来实现 C 的视觉效果。在印刷车间使用自制的混合光源代替标准光源，正是利用这一原理（日光灯偏蓝、白炽灯偏黄，两者结合互相弥补缺陷，将 3 只 40W 日光灯、3 只 20W 蓝荧光灯、6 只 100W 白炽灯装配固定在同一个灯罩内，所发出的光色与标准日光几乎是相同的白光）。

4. 亮度相加律

由几种色光混在一起组成的混合色光的总亮度等于组成混合色的各种色光的亮度之和。色光混合的过程是能量叠加的过程，混合后产生的新色光总比原始色光明亮，反映了色光加色法的实质。

二维码 2-2

5. 色光连续变化规律

由两种或两种以上的色光组成的混合色中，如果其中一种色光连续变化，混合色的外貌也会连续变化。可以通过色光的不等量混合实验观察到这种混合色光的连续变化。比如，红光与绿光混合形成黄光，若绿光不变，改变红光的强度使其逐渐减弱，可以看到混合色由黄变绿的各种过渡色彩；反之，若红光不变，改变绿光的强度使其逐渐减弱，可以看到混合色光由黄变红的各种过渡色彩。

格拉斯曼颜色混合定律：1854 年，德国学者格拉斯曼在色光加色混合与颜色匹配实验的基础上，总结出颜色混合的一些规律（包括以上四项），也称加色混合规律。

四、色光混合的类型

色光加色混合按照不同的标准可以分为不同的类型。按照光源的不同，可以分为直接光源的加色混合和间接光源的加色混合；按照色光对人眼的刺激方式的不同，可以分为静态混合和动态混合；按照人眼的感受程序的不同，可以分为视觉器官内的色光混合和视觉器官外的色光混合。

（1）直接光源的加色混合。将红光、绿光、蓝光固定在一个密闭的灯罩里，色光的混合在灯罩内部发生，新的混合色光需要穿透灯罩才能被人眼察觉，视觉效果只有 1 种均匀的混合色，并不会发现灯罩内的 3 种原始色。

（2）间接光源的加色混合。将红光、绿光、蓝光分别固定在三个位置，控制照射区域相同，让三束光从不同的方向照向同一片空地，便可呈现混合色光的视觉效果，在整个光束中，既能看到混合色光，又能看到原始色。夜晚停电时，同时用蜡烛和手电筒照明，烛光的颜色偏黄，手电光的颜色偏白，混合后的色光介于两者之间，亮度比单独使用任何一种都更为明亮，如图 2-10。

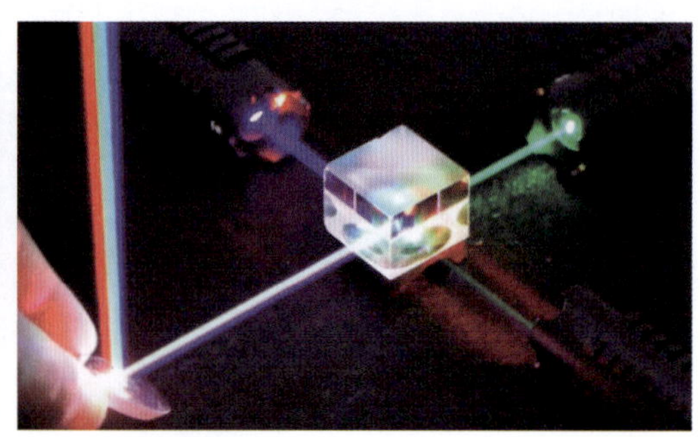

图 2-10　间接光源的加色混合

（3）静态混合。印刷品上的图像精美、色彩艳丽，但是用放大镜观看，就会发现图像是由一个个的网点组成的，而且网点只有几种颜色，并不像画面上的色彩那么丰富，由于网点太小，各种颜色点之间的距离太近，人眼无法在正常的情况下分辨点与点的边缘细节，这正是静态混合的结果。彩色纺织品中，有单色纱线织的，也有多色纱线织的，不同颜色的经线和纬线交织后，在一定距离内也可以产生新颜色的静态混合效果，如图 2-11 所示。

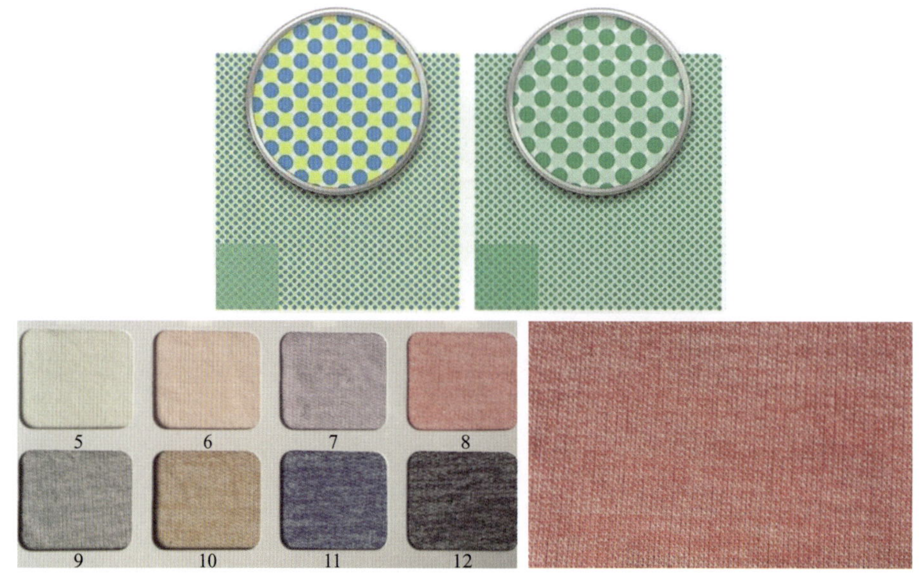

图 2-11　网点和纺织品的静态混合

人们在观察周围物体时，对细节的辨认能力称为视觉锐度，人眼的视觉锐度有一定的极限，称为阈值，超过这个极限就会产生分辨不清的感觉。由人眼的视觉生理特征可知，在正常视距 25cm 下，对于视力正常 1.0 的人，只能分辨 1.5mm 大小的东西，如果物体小于 1.5mm，人眼就已经分辨不出来了，会看成一个物体。

（4）动态混合。旋转的彩色风车是最典型的动态混合现象，当转速较低时，人眼可以依次看到每个叶片的颜色，随着转速加快，叶片的颜色区分越来越困难，最终混合成一种新颜色，如图 2-12 所示。

图 2-12　动态混合

各种色块的反射光不是同时在人眼中出现的，而是一种色光消失，另一种色光迅速出现，先后交替刺激人眼的感色细胞，由于人眼存在视觉暂留现象，因此使人产生混合色觉。人眼之所以能够看清一个物体，是由于该物体在光的照射下，物体所反射或透射的光进入人眼，刺激了视神经，引起了视觉反应。当这个物体从眼前移开，对人眼的刺激作用消失时，该物体的形状和颜色却不会立即消失，它在人眼中会做一个短暂停留，时间大约为 1/10s。

（5）视觉器官内的色光混合。参加混合的各种单色光，分别刺激人眼的三种感色细胞，使人产生新的综合色彩感觉。静态混合和动态混合都属于此类。

（6）视觉器官外的色光混合。各种色光在进入人眼之前就已经混合成新的色光。直接光源的加色混合和间接光源的加色混合都属于此类。

练一练

请同学们选用不同颜色的彩纸制作 3 个色盘，拍照记录快速旋转的混色效果，如图 2-13 所示。可以利用相同颜色组合的不同比例来实现混色差异，也可以利用不同颜色组合来实现混色差别。

图 2-13　动态混色效果

任务二 色料混合

在万紫千红的自然界中，众多的物体本身并不产生光，却能够呈现各种各样的颜色，其呈色机理就是色料混合。

色料，是指能够互相混合调色，并能通过涂染等方式使无色的物体呈色、有色物体改变颜色的物质。颜料、油漆、色素、染料等都可称为色料，有机物质可以，无机物质也可以。

一、色料三原色

在众多的色料中，是否也存在几种最基本的原色料，它们不能由其他色料混合而成，却能调制出其他各种色料？通过色料混合实验，人们发现：采用与色光三原色相同的红、绿、蓝三种色料混合，其混色色域范围不如色光混合那样宽广。红、绿、蓝任意两种色料等量混合，均能吸收绝大部分的辐射光而呈现具有某种色彩倾向的深色或黑色。从能量观点来看，色料混合，光能量减少，混合后的颜色必然暗于混合前的颜色。所以，明度低的色料无法调配出明亮的颜色，只有明度高的色料作为原色才能混合出更多的颜色，得到较大的色域。

在色料混合实验中还发现，能透过或反射光谱较宽波长范围的色料黄、品红、青三色，能匹配出更多的色彩。在此实验基础上，人们进一步确定：由黄、品红、青三色料以不同比例相混合，得到的色域最大，而这三种色料本身，却不能用其余两种原色料混合而成。

选择黄、品红、青三色作为色料的三原色，实际是利用黄、品红、青从照明光源的广阔光谱中吸收某些光谱的颜色，以使剩余的色光完成混合的原理，如表 2-2 所示。因为黄、品红、青通过改变自身的浓度（或厚度），能够很容易地改变对蓝、绿、红三原色光的吸收量，以完成控制进入人眼的蓝、绿、红三刺激值的数量的目的（在颜色的相加混合中，黄色是蓝色的补色，它能够有效地控制蓝光；品红色是绿色的补色，它能够有效地控制绿光；青色是红色的补色，它能够有效地控制红光）。

表 2-2　色料三原色光学属性一览表

色相名	别名	光学属性	英文单词	用字母表示
黄色	减蓝色	选择性吸收蓝色光 反射红色光和绿色光	yellow	Y
品红色	减绿色	选择性吸收绿色光 反射红色光和蓝色光	magenta	M
青色	减红色	选择性吸收红色光 反射绿色光和蓝色光	cyan	C

二、色料减色法

当白光照射到色料上时，色料从白光中吸收一种或几种单色光，从而呈现另外一种颜色的方法称为色料减色法，如图 2-14 所示。对于三原色色料的减色过程，可以表示为：

黄色料　W−B=R+G=Y

品红色料　W−G=R+B=M

青色料　W−R=G+B=C

二维码 2-3

图 2-14　色料减色混合

色料混合有一个明显的特色就是，混合后的新颜色总是比混合前的颜色暗。例如，黄色料和品红色料混合后得到红色，红色的明度就比黄色和品红色的要低。这是由于减色法是通过色料对光的选择性吸收，减去一种或几种单色光，使得反射或透射的光的能量减少。色料进行减色法混合时，则分别减去各自应吸收的单色光，使混合后的混合色光能量进一步降低，颜色自然会更加深暗。

色料减色法的实质是色料的选择性吸收，使色光能量削弱，由于色光能量降低，新颜色的明亮程度就会降低而趋于深暗。简而言之，色料相加，能量减弱，越加越暗。

三、色料混合的基本规律

（1）原色，又称第一次色。色料三原色中，黄色料的色相是纯正鲜艳的黄色；品红色料的色相是略带黄味的玫瑰红色；青色料的色相是鲜纯的湖蓝色。

（2）间色，又称第二次色。由两种原色料混合得到的颜色。

黄色料和品红色料等量混合，得到红色（Y+M=R）；黄色料和青色料等量混合，得到绿色（Y+C=G）；品红色料和青色料等量混合，得到蓝色（M+C=B）。这三种间色被称为典型间色或代表性间色，如图 2-15 所示。

图 2-15　两种原色料等量混合

两种原色料不等量混合时，根据两者的比例大小或浓淡强弱的不同，可以得到一系列新色料，色相倾向于占比较大或浓度较强的原色料，如图 2-16 所示。

图 2-16　两种原色料不等量混合

（3）复色，又称第三次色。由三种原色料混合得到的颜色。

三种原色料等量混合，将得到黑色（black，用 K 表示）或一系列明度不同的灰色。随着等量混合的黄、品红、青三种原色料的浓度和密度逐渐增强，呈现白色—浅灰色—中灰色—深灰色—黑色等颜色变化（Y+M+C=W−B−G−R=K），如图 2-17 所示。

图 2-17　三种原色料等量混合的结果

三种原色料不等量混合时，根据三者的不同比例能生成成千上万种复色。色相倾向于比例较大或浓度较强的一方，如图 2-18 所示。当三种原色料混合时，所占比例最小的一种为基准，提取出三原色等量的部分构成相应明度的黑色或灰色，余下的那部分色料才决定混合色料的色相。

图 2-18　三种原色料不等量混合的结果

当色料 A<B<C 时，以 A 为标准的三原色等量部分构成黑色，只影响复色的明度和饱和度，复色的色相主要由 B 和 C 的比例大小来决定。当色料 A<B=C 时，A 为标准的三原色等量部分构成黑色，复色的色相倾向于 B 和 C 的间色的色相。当色料 A=B<C 时，以 A、B 为标准的三原色等量部分构成黑色，复色的色相倾向于原色 C 的更暗淡的色相，如图 2-19 所示。

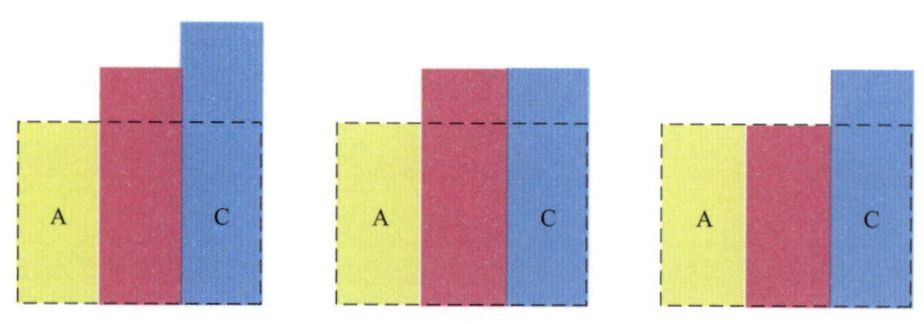

图 2-19　三种原色料不等量混合的原理

（4）互补色。两种色料混合后如果是黑色，则这两种色料为一对互补色料。最典型的三对互补色料是黄色和蓝色，品红色和绿色，青色和红色，如图 2-20 所示。其他的互补色可以在颜色环中去找。

图 2-20　三对典型互补色料的混合结果

（5）减色法代替律。两种成分不同的色彩，只要视觉效果相同，就可以互相代替使用。某健康饮品的外包装需要印制绿色的底色，既可以直接使用绿色墨印刷，也可以使用黄色墨和青色墨叠印达到绿色效果。

印刷葡萄包装需要的紫色墨，可以用色料三原色不等量混合得到，也可以用两种色料加上黑墨混合得到。黑墨代替了等量的三原色，实现相同的混色效果，如图 2-21 所示。

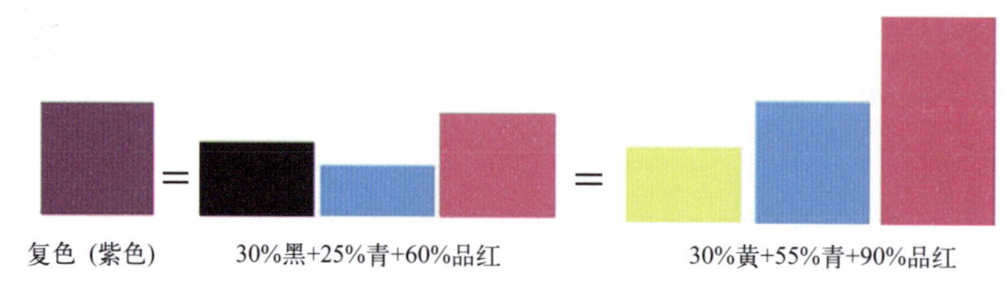

图 2-21　减色法代替率应用

趣味一测

你知道图 2-22 中哪幅是水彩画，哪幅是水粉画吗？这两者有什么不同？

图 2-22 水彩画和水粉画

水彩画是用水调和透明的颜料所作的画，而水粉画则是用水调和粉质颜料绘制的画；水彩画的特点是颜色透明，而水粉画的表现特点是处在不透明和半透明之间。

四、色料混合的类型

色料减色混合主要有两种类型：色料的调和、色料层的叠合，如图 2-23 所示。

图 2-23 色料减色混合

1. 色料的调和，适用于各种色料

色料的调和是指两种以上的色料，用水或油性连接料均匀搅拌混合，获得新色料的方法，又称调色，适用于绘画、印染等行业。在彩色印刷过程中，根据原稿需要，有时要调配专色墨用于特色颜色的印刷，专色墨就是以色料调和方式生产的。

经过调和的色料，不同颜色的色料颗粒均匀分散在连接料中，彼此交错，它们分别对入射白光进行选择性吸收，将余下的色光反射到人眼中，由于色料颗粒极小且距离极近，人眼无法分辨它们微小的形态细节，入眼的光线会发生视觉器官内的色光混合，从而得到混合色的感觉。

2. 色料层的叠合，适用于透明色料

色料层的叠合是指两层以上具有透明性的色料重叠在一起，颜色之间互相透叠混合，产生新的色彩感觉的方法。彩色印刷就是以四色油墨层叠合的方式呈现颜色的。

印刷生产的每一个印张都有色标，包括黄、品红、青、黑、红、绿、蓝的色块，灰梯尺等部分，其

中黄、品红、青、黑是原色油墨的单色印刷，红、绿、蓝是原色油墨的双色印刷（2 层油墨层的叠合），灰梯尺是原色油墨的复色印刷（3 层油墨层的叠合）。以白纸上印刷的绿色块为例，由于油墨层具有透明性，入射白光在透过上层的黄色墨层时，被选择性吸收掉蓝色光，再透过下层的青色墨层时，又被选择性吸收掉红色光，最后只剩下绿色光被透射到白纸上，又被白纸反射入人眼，使人产生绿色感觉。有人会问，为什么绿色块由黄色墨层和青色墨层叠合得到？请回顾模块二的“色料混合的基本规律”内容。为什么绿色块的上层是黄色墨层、下层是青色墨层呢？请学习模块四的“印刷色序”内容。同理，青色墨和品红色墨叠印，会产生蓝色感觉；品红色墨和黄色墨叠印，会产生红色感觉；黄色墨、品红色墨、青色墨叠印，会产生黑色感觉。

以农产品葡萄包装为例，如图 2-24，如果包装印刷是满版紫色，可以提前用黄、品红、青原色墨调配好紫色油墨，采用单色印刷方式完成；如果包装印刷的局部图案是紫色，则采用黄、品红、青原色墨进行分色印刷，通过墨层叠加呈现效果。

图 2-24　农产品葡萄包装

每一个印刷生产任务的方案制订，必须分析原稿颜色、了解客户需求、明确质量要求、核算印刷成本，再决定是否使用专色墨印刷。若采用专色印刷，分色制版环节的属性设置与传统四色印刷是有区别的；印刷前的材料准备还需要加入专色油墨调配环节；印刷过程中的辨色调试也要追加紫色样品的色彩数据，用于评价印品色差；专色印刷成本通常比传统四色印刷要高一些。

练一练

请同学们选用如图 2-25 印刷油墨、织物油墨、水彩墨水、水粉颜料、丙烯颜料，通过色料调和与色料叠合这两种方式，在铜版纸上实现蓝色和橘色效果。

图 2-25　各种颜料、油墨产品

任务三 加色法与减色法的关系

加色法和减色法均属于颜色混合的方法，都与色光有关，同时也都有能量的变化。人眼看到的永远是色光，因此色料三原色的确定与三原色光有着必然的联系。利用青、品红、黄对反射光进行控制，实际上是利用它们从照明光源的光谱中选择性吸收某些光谱的颜色，以剩余光谱色光完成相加混合作用，同时也是对色光三原色红、绿、蓝的选择和认定。

加色法是色光混合呈色的方法。色光混合后，不仅色彩与参加混合的各色光不同，同时亮度也增加了。加色法是两种以上的色光同时刺激人的视神经而引起的色效应。

减色法是色料混合呈色的方法。色料混合后，不仅形成新的颜色，同时亮度也降低了。减色法是从白光或其他复色光中减去某种色光而得到的另一种色光刺激的色效应。

从互补关系来看，有三对典型的互补色：R 和 C，G 和 M，B 和 Y。加色法的互补色相加得到白色，减色法的互补色相加得到黑色。

请同学们梳理总结色光加色法与色料减色法，如表 2-3 所示。

二维码 2-4

表 2-3 色光三原色与色料三原色规律梳理

对比项 混色法	色光加色法	色料减色法
三原色	R G B	C M Y
呈色基本规律	R+G=Y R+B=M G+B=C R+G+B=W	C+M=B C+Y=G M+Y=R C+M+Y=K
实质	色光相加，能量相加，越加越亮	色料相加，能量相减，越加越暗
效果	明度增大	明度减小
呈色方法	视觉器官内的混合，视觉器官外的混合	色料调和，色料层叠合
补色关系	互补色光相加，形成白光	互补色料相加，形成黑色
主要用途	彩色电视、灯光照明、光影特效、颜色测量等	彩色印刷、彩色绘画、彩色印染等

拓展

皮影戏（如图 2-26），是一种以兽皮或纸板做成的人物剪影，在灯光照射下用隔亮布进行表演的民间戏剧，它是中国历史悠久、流传很广的一种民间艺术，也是加色法和减色法的完美演绎。皮影是用牛皮、驴皮、马皮、骡皮，经过选皮、制皮、画稿、过稿、镂刻、敷彩、发汗熨平、缀结合成等八道工序做成的，上色时主要使用红、黄、青、绿、黑等五种纯色，皮影讲究透视效果，制作考

图 2-26 皮影戏

究，工艺精湛，表演起来生趣盎然，活灵活现。演皮影的屏幕，是用一块 $1m^2$ 大小的白纱布做成的。白纱布经过鱼油打磨后，变得挺括透亮。演出时，皮影紧贴屏幕活动，人影和五彩缤纷的颜色真切动人。表演时，艺人们在白色幕布后面，一边操纵戏曲人物，一边用当地流行的曲调唱述故事，同时配以打击乐器和弦乐，有浓厚的乡土气息，这种拙朴的汉族民间艺术形式很受人们的欢迎。

练一练

1. 请从五颜六色的圆圈中，选出色料的原色、间色和复色，如图 2-27 所示。

图 2-27　原色、间色和复色

属于原色的圆圈序号	
属于间色的圆圈序号	
属于复色的圆圈序号	

在 1 ～ 24 号圆圈中，色光三原色的序号是：2 绿色、8 红色、18 蓝色。

2. 请同学们分享生活中的色彩混合现象。

模块三　描述色彩

【大国工匠】勇于创新

生活在不断地发生变化，科技也在不断地进步，这些都是人类不停创新的成果。对于印刷行业而言，创新和发明是推动技术前进的重要动力。

创新能力培养是大学教育的重要任务。创新是科学发展、文明进步的动力，当代大学生肩负着中华民族伟大复兴的历史使命，应该培养学生理性的思辨精神，使之具有良好的判断能力和批判精神，鼓励其在学习和继承人类优秀文化成果的基础上，勇于突破成规，敢于独辟蹊径。将专业知识创新应用于新领域、设计开发新产品，以此产生商业价值或社会价值。

印刷工匠丨天津长荣科技集团股份有限公司研发中心工程师王玉信，不断探索、勇于创新，主持研发设计出多种具有国内领先水平的印后加工设备。

学习目标

知识目标

- 理解光谱表色法，掌握分光光度曲线与色彩三属性的关系；
- 了解中国色谱表色，掌握印刷四色色谱、专色色谱（潘通）表色；
- 理解孟塞尔表色法，让学生掌握孟塞尔颜色标号的含义；
- 理解 CIE 1931 颜色匹配实验的方法和意义；
- 理解 CIE 1976 均匀颜色空间的相关参数和色差公式。

能力目标

- 具有能识别分光光度曲线，表述颜色属性的能力；
- 具有会使用印刷色谱，对颜色的组成做出判断的能力；
- 具有理解描述 CIE 1931 色度图的能力；
- 具有利用公式计算相关色差参数的能力。

趣味一测

请大家观察图 3-1 中的雪景图，不同的拍摄场地，天空和雪地的颜色表现是不一样的，请问雪和天空分别是什么颜色？

图 3-1　不同拍摄场地的雪景

人们在生活及生产实践中常常需要交流、传递有关颜色的信息，如何对千变万化的色彩加以区分，如何准确有效地描述颜色，是长期探索的色彩课题。

日常生活中，人们观察颜色，常与具体事物联系在一起。人们看到的不仅是色光本身，而是光和物体的统一体，很大程度上受心理因素（如记忆、对比等）的影响，称为心理颜色。国际上统一规定了鉴别心理颜色的三个特征量，即色相、明度、饱和度。回顾模块一“色彩的属性”，已讲过习惯命名法和系统命名法，这种表色方法可供日常使用，但不够准确，只能实现粗略的颜色描述，定性不定量，对印刷复制而言不够科学和精确。

每个人的生长环境、色彩认知并不完全相同，在系统学习色彩描述之前，对颜色尚无准确的、可量化的界定描述，大家都知道树叶、草地是绿色，但这些深浅不一的绿，哪个是标准绿色呢？

任务一　光谱表色法

物体所呈现的颜色是在光的作用下产生的，根据物体对光的反射或透射情况的特点，形成自然界不同的颜色（详见模块一“认识色彩”）。发光物体可以直接发射各种波长的色光，形成发射光谱；不发光物体可以反射或透射色光，形成反射光谱或透射光谱（其中，不透明体通过反射特定波长的色光，形成反射光谱；透明体通过透射特定波长的色光，形成透射光谱）。将以上这些光谱中分布的各种波长的色光进行定量的表示后，描点连线就可以得到各种分光光度曲线。

光谱表示法，就是用分光光度曲线定性定量地表示颜色特征的方法，又称分光光度曲线表色法。

一、分光光度曲线

分光光度曲线是用分光光度计进行测定和绘制的。测定时，通过内置光源将各种不同波长的单色光依次照射到色料表面，然后逐个测量色料对这些色光的反射或透射情况，并将其在对应的波长位置描点，将这些点连接起来得到一条完整的曲线，每一条分光光度曲线对应地表达一种颜色。

分光光度曲线是绘制在平面直角坐标系中的，横坐标表示可见光的波长（单位 nm），纵坐标表示光谱辐射相对功率（%）、反射率（%）或透射率（%）。对发光物体而言，是一条表示光谱辐射各种波长色光能力的曲线；对不发光物体而言，是一条表示物体反射或透射各种波长色光能力的曲线。换言之，发光体的分光光度曲线就是它的光谱功率分布曲线，不透明体的分光光度曲线就是它的反射曲线，透明体的分光光度曲线就是它的透射曲线。

在印刷行业，一般将横坐标原点处的波长定为 400nm，将 400 ～ 700nm 的可见光波长范围平均分成三份，其中 400 ～ 500nm 对应蓝光区、500 ～ 600nm 对应绿光区、600 ～ 700nm 对应红光区，如图 3-2 所示。

实际物体的色彩难以达到理想的纯度，所以对各种波长色光的反射率或透射率均无法实现 100% 的吸收或反射。

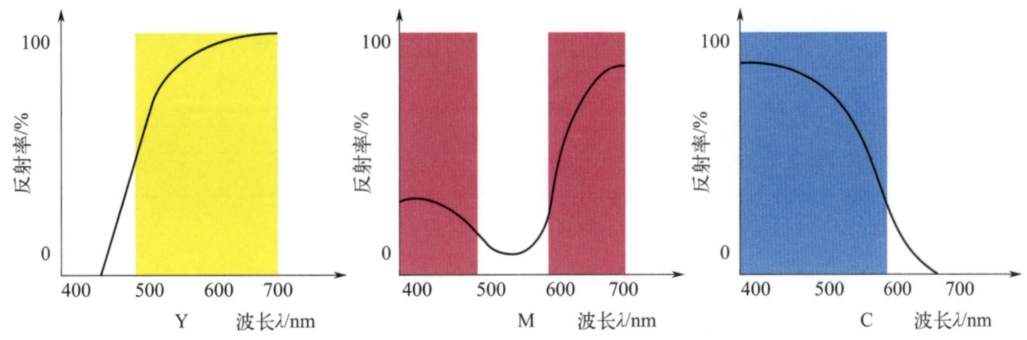

图 3-2　色料三原色分光光度曲线

二、分光光度曲线表示颜色的方式

分光光度曲线可以精确地描述颜色的性质。通过分光光度曲线，可以直接辨认出该颜色的色相，并粗略地判断其明度和饱和度的大小。

（1）色相的表示。色相取决于刺激人眼的光谱成分，即不同波长的光刺激所引起的不同颜色心理反应。对单色来说，色相取决于该色光的波长；对混合色来说，色相取决于该混合色中各波长色光的比例。分光光度曲线的波峰位置对应的光谱波长，就是该颜色的色相。

（2）明度的表示。明度是颜色的亮度在人们视觉上的反应，即人眼所感受的色彩的明暗程度。分光光度曲线远离横轴的距离，就是该颜色的明度。

（3）饱和度的表示。物体色的饱和度取决于物体表面选择性反射或透射光谱辐射的能力，即颜色的纯洁性。物体对光谱某一较窄波段的反射率高，而对其他波长的反射率很低或没有反射，则表明它有很高的选择性反射或透射的能力，该颜色的饱和度就高。分光光度曲线的波峰与波谷之间的差值，就表示该颜色的饱和度。

综上所述，利用分光光度计测量可以得到某个颜色的分光光度曲线，波峰所处的位置对应横轴上的波长，用于确定色相，若波峰位于 500 ～ 600nm 之间的绿光区，则表明该颜色属于绿色；波峰所处的位置对应纵轴上的反射率（或透射率），用于确定明度，数值越大、明度越高；波峰和波谷的落差，用于确定饱和度，落差越大、饱和度越大。

练一练

1. 请观察图中 5 个颜色的分光光度曲线，如图 3-3 所示，辨别色相、明度、饱和度，并填表 3-1。

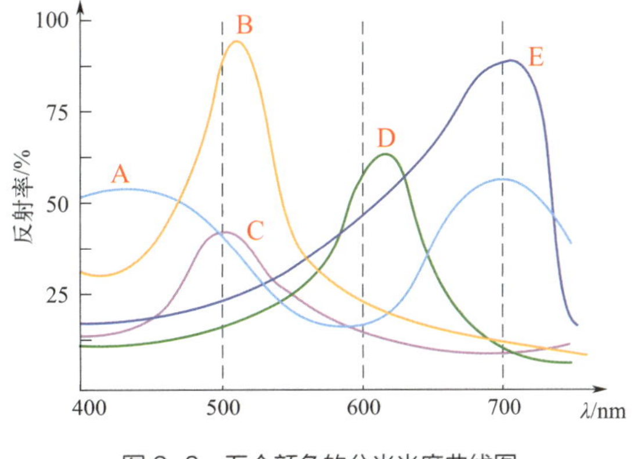

图 3-3　五个颜色的分光光度曲线图

二维码 3-1

2. 请观察图中的分光光度曲线，如图 3-4 所示，标出哪个颜色属于绿色、哪个颜色的明度最低、哪个颜色的饱和度最大，填表 3-2。

表 3-1　判断五个颜色属性

颜色编号	色相	明度	饱和度
A			
B			
C			
D			
E			

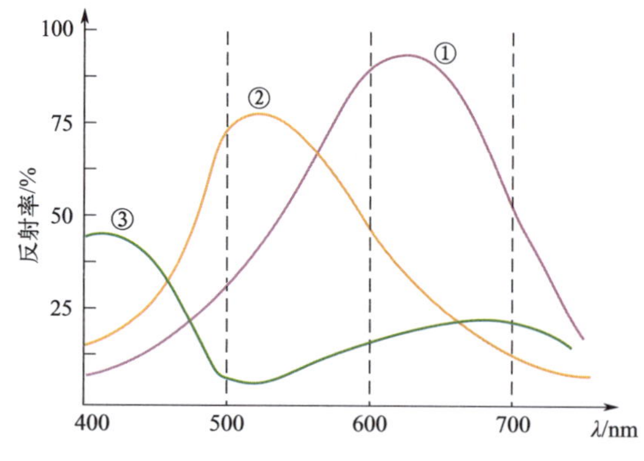

图 3-4　分光光度曲线图

表 3-2　判断颜色的三属性

颜色编号	色相属于绿色	明度最低	饱和度最大
①			
②			
③			

三、同色异谱

同色异谱色就是颜色外貌相同，但光谱组成不同的颜色。在颜色匹配实验中，待测色与三原色的混合色在达到色匹配时，就是同色异谱；在印刷中，用黑墨替代三原色彩墨叠印产生的非彩色，节省彩墨用量、提高印刷质量，也是同色异谱。换言之，只要视觉效果上相同的颜色，便可以相互替代，不必考虑它们的光谱组成是否相同。由此，我们才可以利用颜色混合的方法来产生或代替所需要的颜色。这种现象就是同色异谱现象，是自然界中很普遍的一种颜色现象。

同色异谱色广泛存在于彩色印刷、摄影、绘画、印染等用色领域。在实际生产中，常常遇到配色的问题，即要求配出与样品相同的颜色，但复制品所用的色料不可能与样品的色料完全相同，用不同的色料与配方复制同样的颜色，其分光光度曲线就可能不同。例如，彩色印刷原稿种类多样，有彩色反转片、彩色照片、中国画、水彩画、印刷品等，各种原稿色料不同，而印刷复制时所用的色料只有黄、品红、青、黑四色油墨及纸张的白色，所以说彩色印刷完全是利用同色异谱色对原稿的丰富色彩进行复制。

需要注意的是，同色异谱是有条件的，两个色样在可见光谱内的光谱分布不同，而对于特定的照明条件、特定的标准色度观察者具有相同的三刺激值。改变两条件中的一个，颜色的同色异谱性质就会遭到破坏。

拓展

如果两个物体在特定的照明和观测条件下有完全相同的分光光度曲线，那么可以肯定这两个物体不论在什么光源下或任何一种标准观察条件下都会是同样的颜色。这两种物体的颜色称为同色同谱，亦称无条件等色。

CIE 所规定的标准色度观察者，包括 CIE 1931 2°视场标准观察者和 CIE 1964 10°大视场补充标准色度观察者。前者用于 1°～ 4°视场的颜色观察（主要是中央凹锥体细胞起作用），后者用于大于 4°视场的颜色观察（既有中央凹锥体细胞作用，又有杆体细胞参与）。

任务二　色谱表色法

色谱，又叫色表或色彩图，是供用色部门参考的色彩排列表。色谱表色法是一种以有规律的一系列实际色块作为参考色样的最直观、通俗易懂的颜色表示方法。大部分需要用颜色来控制生产和鉴别质量的行业，都广泛地使用色谱来表示颜色。不同的国家的许多行业都根据自己特定的需求，用不同的排列方法编排了色谱，也有单一行业用的专用色谱，如印刷行业的印刷色谱、各种颜料的色卡，如图 3-5 所示。

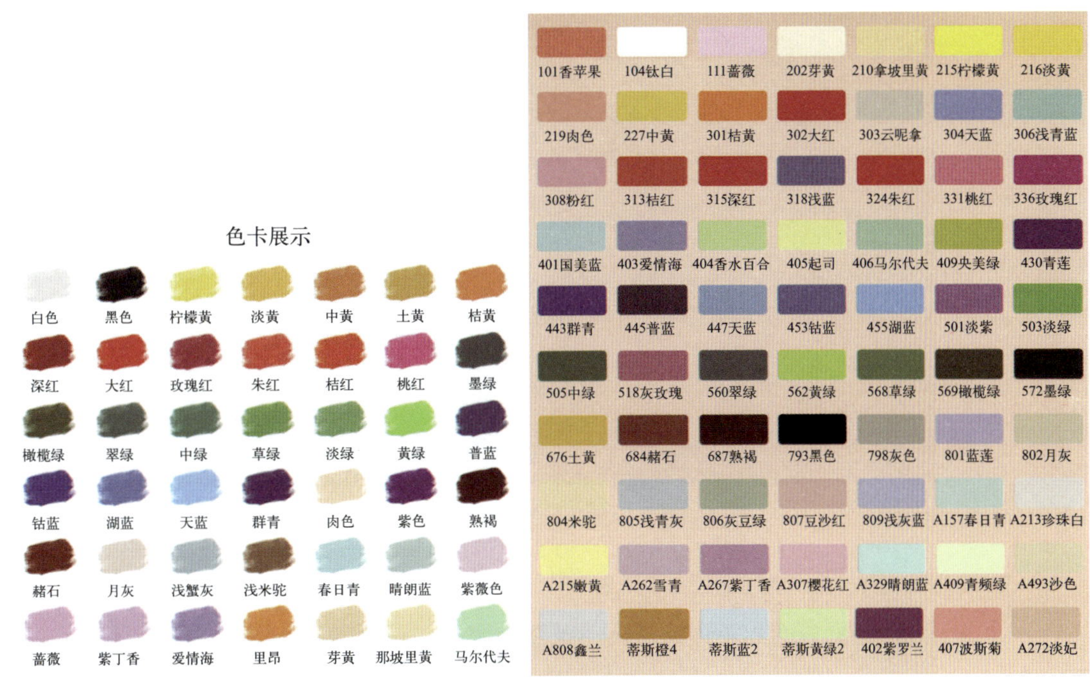

图 3-5　色卡展示图

一、普通色谱

普通色谱一般由国家有关部门统一制定，是供多个行业，如印染、纺织、交通、建筑、设计等通用的颜色参考工具。

1. 中国色谱

中国色谱是 1957 年 10 月由中国科学院出版的色谱，分为彩色和无彩色两部分，共 1631 个色块。

中国色谱中的彩色部分包含 8 种基本色，分别是黄、橙、红、品红、紫、蓝、青、绿，分别用罗马数字Ⅰ、Ⅱ、Ⅲ、Ⅳ、Ⅴ、Ⅵ、Ⅶ、Ⅷ表示。每个基本色由浅到深分为 7 个等级，两个相邻的基本色互相交叉组合成色谱中的一页，一色沿横向变化，另一色沿纵向变化，组成 1 页 49（7×7）个深浅不同的色块，沿着左下角向右上角的方向，颜色的明度越来越高、饱和度越来越低。无彩色部分从明度最大的白色到明度最小的黑色共分 14 个等级。色谱中的颜色采用习惯命名法加以命名，在整个色谱中，已经命名的颜色有 625 种，其余则以数字来表示。如图 3-6 所示，为黄、橙两种基本色的配合页。冬奥会开幕式上的中国色应用如图 3-7 所示，如图 3-8 为中国色谱在台历产品设计中的应用。

	黄(Ⅰ)						
橙(Ⅱ)	1′	2′	3′	4′	5′	6′	7′
1	乳白	杏仁黄	茉莉黄	麦秆黄	油菜花黄	佛手黄	迎春黄
2	21′	22′	蔑黄	葵扇黄	柠檬黄	金瓜黄	藤黄
3	31′	酪黄	香水玫瑰黄	浅密黄	大豆黄	素馨黄	向日葵黄
4	41′	42′	43′	44′	鸭梨黄	黄连黄	金盏黄
5	51′	蛋壳色	肉色	54′	鹅掌黄	鸡蛋黄	鼬黄
6	61′	62′	63′	榴萼黄	浅桔黄	枇杷黄	橙皮黄
7	71′	北瓜色	73′	杏黄	雄黄	万寿菊黄	77′

图 3-6　黄、橙配合页

空色	灰光浅蓝	浅缥	藏青	蝙蝠
Z3073	Z4075	Z4131	Z4143	Z6272
C040 025 010 000	C060 015 000 030	C070 045 010 000	C090 075 025 010	C100 100 065 045

水蓝	淡黄蘖	香蕉黄	青瓷绿	海松蓝
Z4012	Z2024	Z2125	Z3172	Z4105
C015 000 005 000	C005 005 045 000	C000 000 060 020	C050 000 040 010	C100 030 065 050

图 3-7　冬奥会上中国色谱的应用

图 3-8　中国色谱中颜色的实际应用

2. 奥斯特瓦尔德色谱

1920 年德国的物理化学家奥斯特瓦尔德创立了奥斯特瓦尔德表色系统，因此获得诺贝尔奖。该颜色体系包括颜色立体模型和颜色图册及说明书。

奥斯特瓦尔德颜色立体的中央轴是非彩色轴（消色轴），表示颜色的明度，顶端为白、底端为黑，明度分为 8 个梯级，附以 a、c、e、g、i、l、n、p 的记号，其中 a 表示最明亮的色标白，p 表示最暗的色标黑，中间有 6 个阶段的灰色。这些消色色调所包含的白和黑的量是根据光的等比级数增减的，见表 3-3，明度是以等差级数增减的（眼睛可以感受到的）。

表 3-3　奥斯特瓦尔德白黑量

奥斯特瓦尔德的白黑量								
记号	a	c	e	g	i	l	n	p
白量	89	56	35	22	14	8.9	5.6	3.5
黑量	11	44	65	78	86	91.1	94.4	96.5

垂直于中央轴的横切面表示颜色的色相，基本色相为黄、橙、红、紫、蓝、蓝绿、绿、黄绿 8 个主要色相，每个基本色相又分为 3 个部分，组成 24 个分割的色相环，从 1 号排列到 24 号。

把颜色立体的中央轴作为垂直轴，并做成以此为边长的正三角形，在其顶点配以各色的纯色色标，构成一个等色相三角形。奥斯特瓦尔德的全部色块都是由纯色与适量的白黑混合而成的，其关系为：白量（W）+ 黑量（K）+ 纯色量（C）=100。它的颜色表示方式由色相号（一共 24 色）与白色含量和黑色含量来表示。例如，某纯色色标为 14nc，14 是蓝色相，n 是含白量 5.6%，c 是含黑量 44%，则所包含的纯色量为：100%−5.6%−44%=50.4%。

奥斯特瓦尔德颜色系统（色谱）共包括 24 个等色相三角形，每个三角形共分为 28 个菱形，每个菱形都附以记号，用来表示该色标所含白与黑的量。这样做成的 24 个等色相三角形，以中央轴为中心，回转三角形时成为一个圆锥体，就是奥斯特瓦尔德颜色立体，如图 3-9 所示。

练一练

请按照奥斯特瓦尔德表色规律，将色标的含白量、含黑量、含纯色量填入表 3-4。

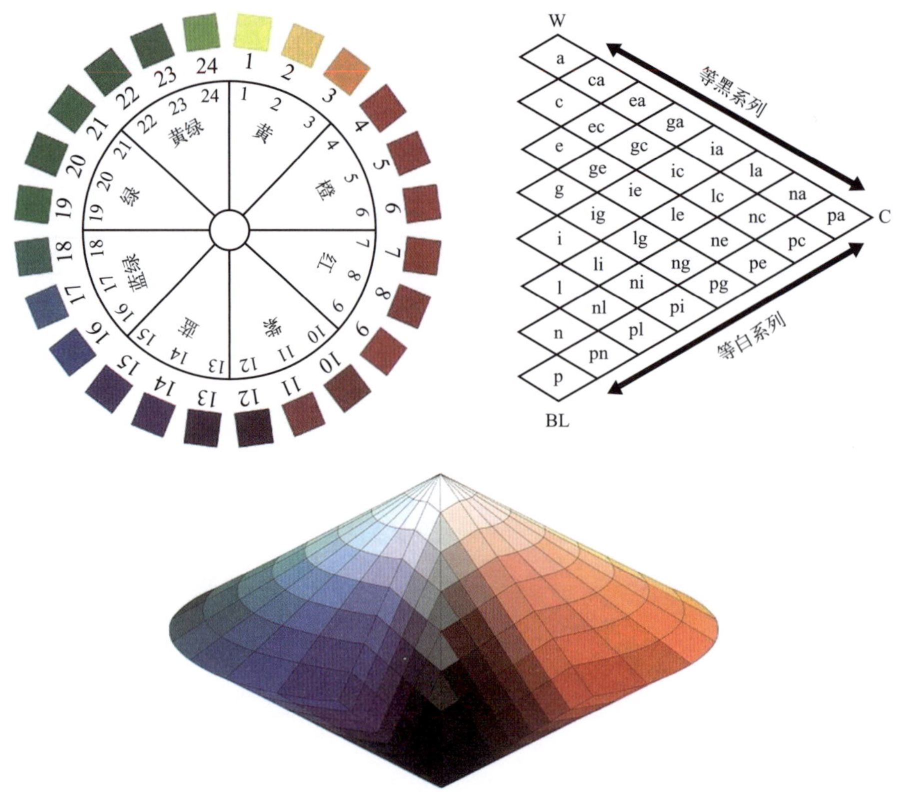

图 3-9　奥斯特瓦尔德颜色系统

表 3-4　分析奥斯特瓦尔德色标

纯色色标	含白量	含黑量	含纯色量
ea			
ng			
pc			
le			

二、印刷色谱

二维码 3-2

印刷色谱是印刷行业专用的颜色系统，又叫印刷网纹色谱，是用标准的黄、品红、青、黑四色油墨，按照不同的网点面积率叠合印成各种色彩的色块的总和。根据印刷工业的特点和要求，汇集大量实际色样进行分类排列，在实际印刷生产中更有针对性和实用性。

印刷过程中，彩色图像复制通常是由三原色油墨外加黑色油墨以大小不等的网点套印而成的。在这个印刷过程中，印刷色谱对制版、打样、调墨、印刷等各个工序都起着很大的参考和指导作用。

1. 四色印刷色谱

印刷色谱应包含使用说明、单色部分、双叠色部分、三叠色部分和四叠色部分。由于各油墨厂家制造的印刷原色油墨颜色不统一，而且印刷条件和印刷材料对印刷呈色都有影响，即使以相同网点比例也会得到不同的颜色效果，因此一本印刷色谱必须说明印刷时使用的油墨、纸张等印刷条件和观察条件，才能保证使用该色谱的准确性。

单色部分是将黄、品红、青、黑四色油墨，分别按网点面积 10%、20%、30%…100% 递增划分为 10 个等级，单独排列成行来表示，如图 3-10 所示。

双叠色部分是将黄、品红、青三原色两两混合，两种原色梯尺分别按纵向和横向排列，按 0%、10%、20%、30%…100% 递增划分为 11 个等级，两者交叉组合出 11×11=121 种色块。可以得到 3 页（黄和品红、黄和青、青和品红），如图 3-11 所示。

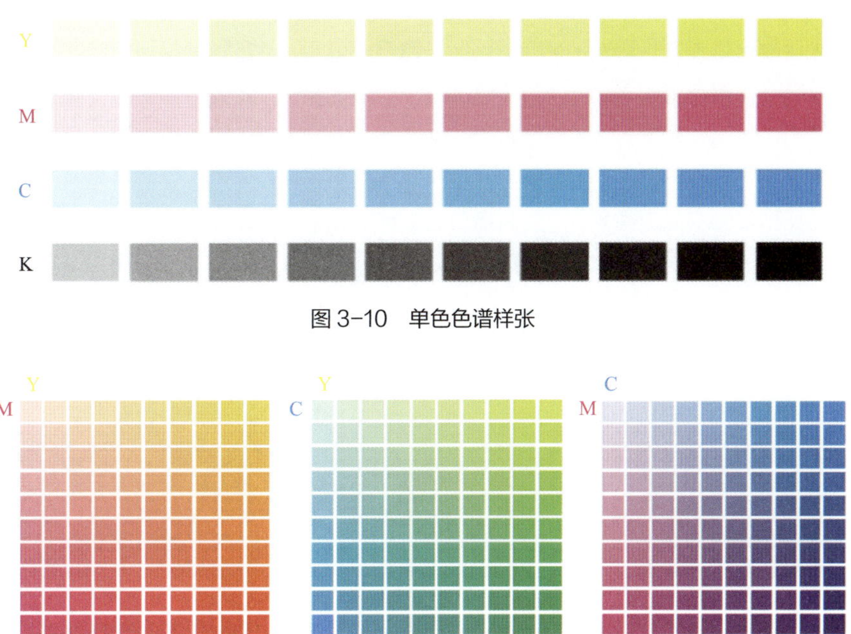

图 3-10　单色色谱样张

图 3-11　双叠色色谱样张

三叠色部分是在双叠色样张的基础上，每页满衬网点面积为 10%、20%、30%…100% 平网的第三种原色墨。例如，以黄色和品红色的双叠色为基础，满衬 10 种层次的平网青色，可以得到 10 页，如图 3-12 所示。

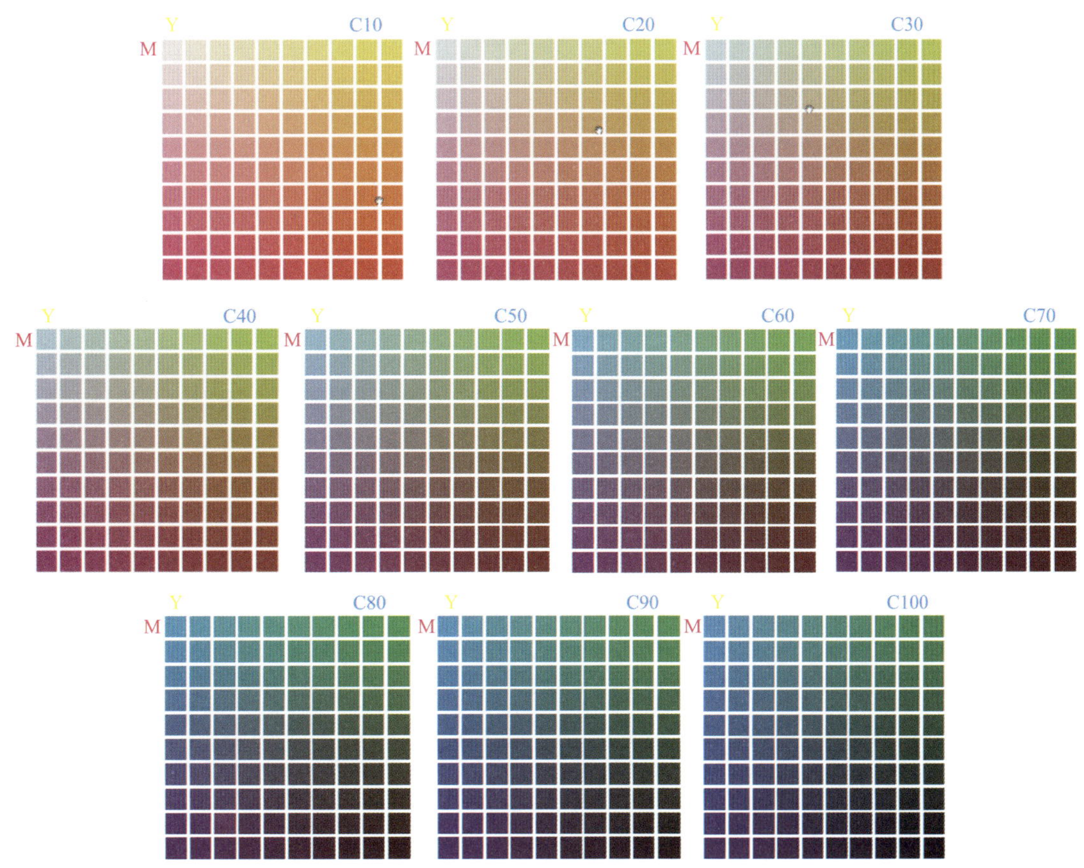

图 3-12　三叠色色谱样张

四叠色部分是在三叠色样张的基础上，再分别满衬 20%、40%、60% 三个层次的平网黑色。可以得到 30（10×3）页，如图 3-13 所示。

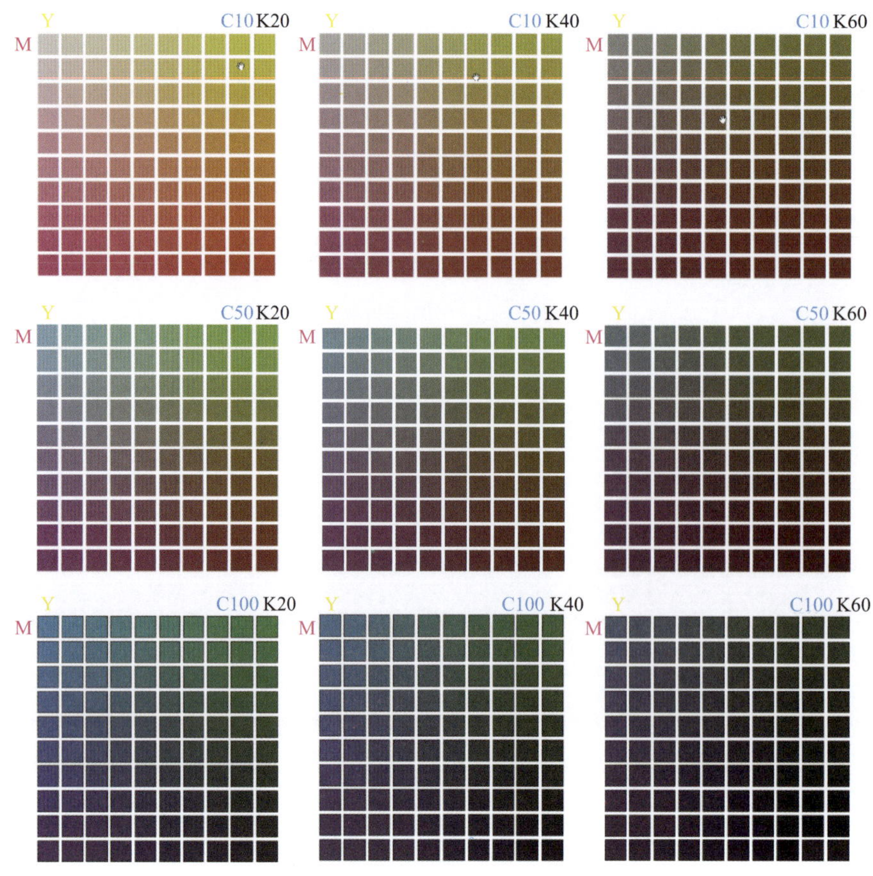

图 3-13　四叠色色谱样张

有条件的印刷企业最好根据本厂使用的油墨纸张、生产工艺、设备条件等，印制自己专用的四色印刷色谱，这样更具针对性和实际参考价值。印刷色谱应定期更新，因为随着时间的推移，油墨和纸张的物理化学性质会发生变化，从而降低色谱的参考价值。

2. 印刷色谱的作用

色谱以其直观性和实用性成为印刷行业最常用的颜色表示方法，是一种对多个工序具有指导意义的颜色参考工具。它的使用有利于整个印刷工艺规程的标准化、数据化、规范化。客户的业务人员可以由色谱得知在本厂的现有条件下能获得的彩色复制效果；分色制版人员可以依据色谱来分析原稿，制作相应的印版；打样及调墨人员可以根据色谱调配出各种彩色印品所需要的专色油墨；印刷人员可以根据色谱各种纸张和油墨的呈色效果，评定彩色印刷品的质量。

练一练

在印刷色谱的三色页中，如图 3-14 所示，第 2 行第 5 列的色块用 Y20M50C60K0 表示，第 3 行第 6 列的色块用（　　　　　　　　）表示，第 7 行第 4 列的色块用（　　　　　　　　）表示。

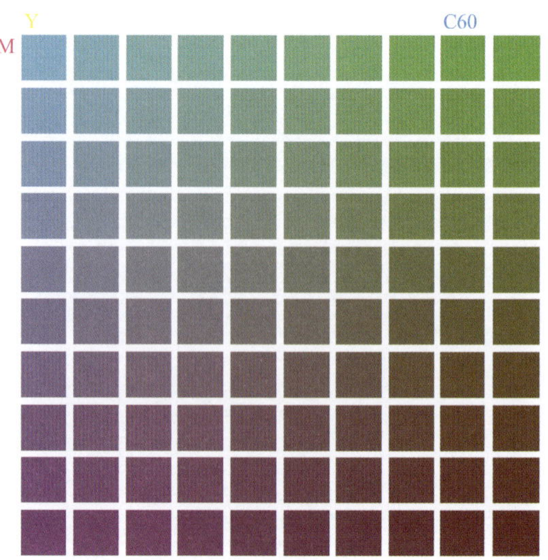

图 3-14　印刷色谱

三、专色色谱

将专色油墨在不同纸张上印刷的色样编订成册后，称为专色色谱。把黄、品红、青、黑四色油墨以外的其他油墨统称为专色油墨，专色油墨通常是由油墨生产厂或印刷厂用原色墨调配生产的。印刷品上的色彩，采用一种专门加工的油墨直接印刷表现，而不通过 CMYK 四色油墨叠印的方式合成，这就是专色印刷。目前普遍使用的专色配色系统有 PANTONE（潘通）、DIC、Toyo Ink、HKS 等。

1. PANTONE 色谱

PANTONE（潘通）色卡是最常用的专色色谱，是世界通用的行业默认标准。在设计商品包装和商标时，无论在哪个国家，只要标明 PANTONE 色标的标号，就可以保证颜色的准确印刷和交流。色卡上汇集了各种色号的专色色样，其中四色叠印色卡上每个编号的色样都有原色墨混合比例的标号作参考，如图 3-15 所示。

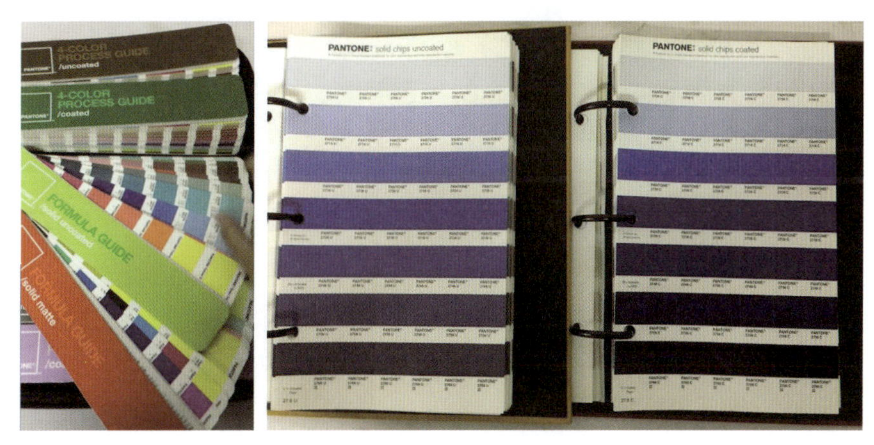

图 3-15 PANTONE 色谱

二维码 3-3

潘通色卡的每一个色样都有一个标号，每个标号的尾字母代表其在不同纸张质地上的表现效果，同一色号的专色油墨在不同纸质上的印刷效果会有差异。例如 PANTONE192C、PANTONE192U、PANTONE192M，标号中的 C、U、M 分别代表色号为 PANTONE192 的专色油墨在光面铜版纸、非涂布纸、哑光铜版纸上的颜色效果。

潘通色卡的每一个色样都有该色样的油墨网点比例或油墨配方。例如绿色的 PANTONE339C 色样，它由 6 份的 PANTONE 印刷蓝、2 份的 PANTONE 黄和 8 份的 PANTONE 白三种油墨调配而成，三种油墨各占 37.5%、12.5% 和 50% 的比例，是印刷在光面铜版纸上的效果。按照色标给出的配方和比例调墨，按规定的纸张印刷，就可以很容易地得到所需要的专色。

拓展

潘通色不仅用于纸张表面，也用于其他材质表面，如织物（见图 3-16）、金属。

图 3-16 PANTONE 色谱应用

2. DIC 色谱

DIC 色彩指南是日本墨水化工行业制作的颜色样本，采用孟塞尔颜色色相环及参考 PCCS 色彩体系进行分类，适用于印刷、纺织、工业、包装、室内装饰等各行业，如图 3-17 所示。以 DIC 色彩指南（第 20 版）为例，一套三本，分为 123 系列，共计 652 种颜色，另附含一本带有油墨配方及 RGB/CMYK 色彩数值。

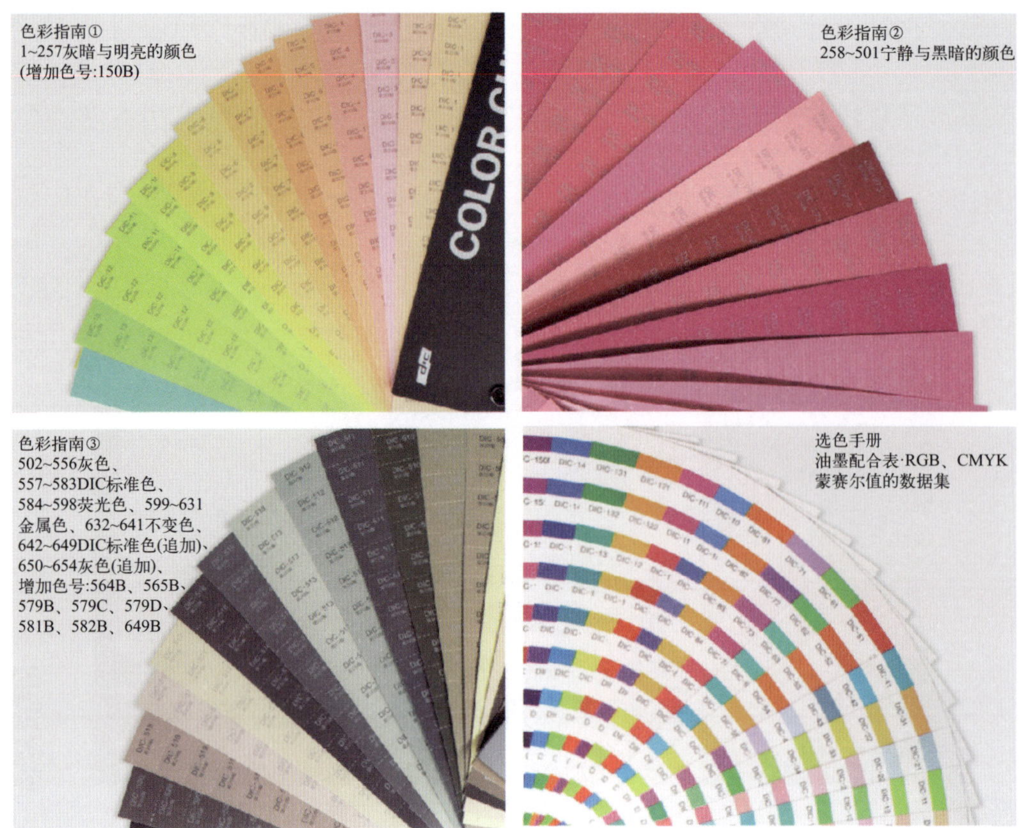

图 3-17　DIC 色谱

3. HKS 色谱

HKS 色彩指南基于 euroscale（欧洲地区墨水标准）色彩空间，遵循 ISO 12647 印刷过程控制标准和 FOGRA 标准，在欧洲用于印刷行业。HKS 是三家德国颜色制造商的缩写：Hostmann-Steinberg Druckfarben，Kast + Ehinger Druckfarben 和 H. Schmincke&Co。每个 HKS 颜色可以通过 CMYK 四种印刷颜色的适当混合比来模拟它们的颜色效果（通常仅近似），如表 3-5 所示。

表 3-5　HKS 颜色模拟

HKS 编号颜色	CMYK/%	HKS 编号颜色	CMYK/%
HKS 47 K	100/0/0/0	HKS 47 Z	100/10/0/0
HKS 47 N	100/3/0/0	HKS 47 E	100/0/0/0

德国 HKS 色卡，每本包含 88 种色彩，分为 K/N/Z/E 系列，代表在不同纸张质地上的颜色表现效果：HKS K（美术印刷纸，如图 3-18）、HKS N（天然纸，如图 3-19）、HKS Z（新闻纸）、HKS E（连续纸）。

图 3-18　HKS K 涂布纸

图 3-19　HKS N 非涂布纸

拓展

色谱在各行各业的应用有助于推进生产管理标准化、数据化。

① 漆膜颜色标准样卡（如图 3-20），是全国涂料和颜料标准化委员会根据 GB/T 3181—2008 国家标准制作的实物标准色卡，正面为色样，背面为色号，包含 83 种颜色，适用于涂料、油漆、颜料、塑胶、金属涂装等行业。

PB01深(铁)蓝	BG02湖绿	Y02珍珠	R01铁红
PB02深(酞)蓝	BG03宝绿	Y12米黄	RP03玫瑰红
PB03中(铁)蓝	BG04鲜绿	Y03奶油	RP04淡玫瑰
PB04中(酞)蓝	BG05淡湖绿	Y04象牙	RP01粉红
PB05海蓝	G01苹果绿	Y05柠黄	RP02淡粉红
PB06淡(酞)蓝	G02淡绿	Y06淡黄	P01淡紫
PB07淡(铁)蓝	G03艳绿	Y07中黄	B02紫
PB08蓝灰	G04中绿	Y08深黄	B01深灰
PB09天(酞)蓝	G05深绿	Y09铁黄	B02中灰
PB10天(铁)蓝	G06橄榄绿	Y10军黄	B03淡灰
PB11孔雀蓝	G07蛋壳绿	YR06棕黄	B04银灰
B06淡天(酞)蓝	G08淡苹果绿	YR01淡棕	B05海灰
B07蛋青	G09深豆绿	YR07深棕黄	G10飞机灰
B08稚蓝	GY05褐绿	YR02赭黄	GY09冰灰
B09宝石蓝	GY04草绿	YR05棕	BG01中绿灰
B10鲜蓝	GY06军车绿	YR03紫棕	GY10机床灰
B11淡海(铁)蓝	GY02纺绿	YR04桔黄	GY03橄榄灰
B12中海(铁)蓝	GY07豆蔻绿	R05桔红	Y01驼灰
B13深海(铁)蓝	GY01豆绿	R02朱红	Y13淡黄灰
B14景蓝	GY08 果(酞)绿	R03大红	GY11玉灰
B15艳蓝	Y11 乳白	R04紫红	

图 3-20 漆膜颜色标准样卡

② 中国建筑色卡 CCBC，符合《建筑颜色的表示方法》(GB/T 18922—2008) 国家标准和《中国建筑色卡标准样品》(GSB16-1517—2002) 国家标准，包含 1026 种颜色，如图 3-21 所示，适用于中国建筑设计、建筑材料、装饰。

图 3-21 中国建筑色卡

③ 金通烫金色谱，一套 5 本，每本包含 120 种烫印金属色，如图 3-22 所示。烫金是最具温度和质感的印刷工艺，呈现极具个性化的装饰效果，以色卡形式对烫印色彩做出定义和标准，为烫印工艺的沟通、选择和参照提供服务。

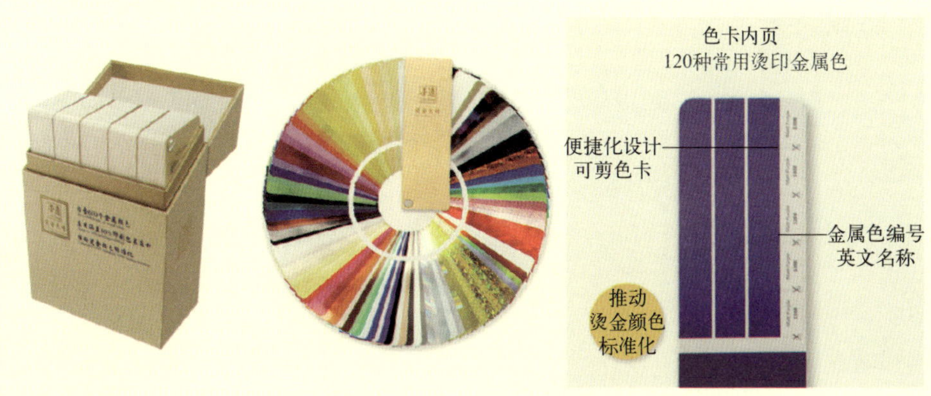

图 3-22 金通烫金色谱

④ 中式传统色卡，包含六大色系——红、黄、绿、蓝、紫、黑白灰，共1000种中式常用颜色，如图3-23所示。每个色彩具有独立色号，有对应的CMYK值，为从事色彩设计的工作者提供服务。中国色彩作为一种文化符号，是中华文明的外表，贯穿中国人的历史时代，赋予色彩特殊的寓意，利用色彩表达精神上的追求。

图3-23 中式传统色卡

⑤ 国际纺织业标准色卡GCC，包含第一册和第二册（每册3面），布带色卡，每种色彩均以独有的GCC编号识别，第一册101#～340#，第二册341#～580#，适合漂染、制衣、纺织、布匹、鞋帽、时装等行业，如图3-24所示。

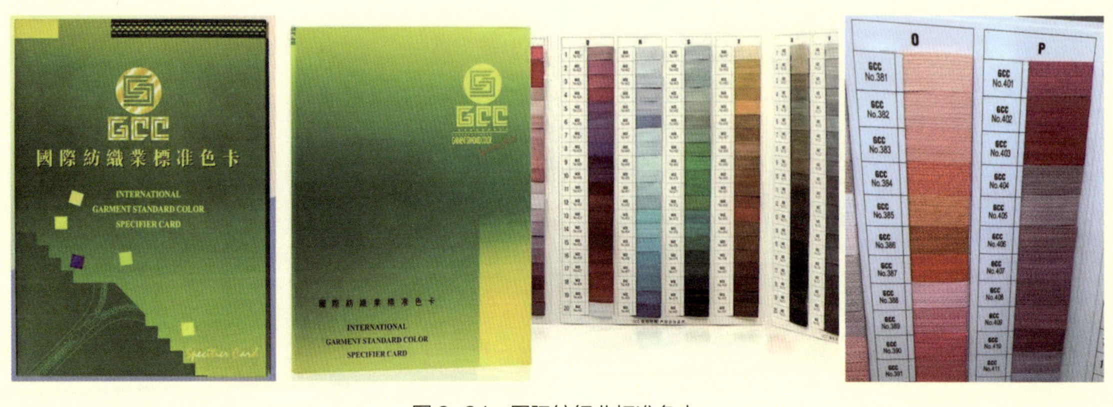

图3-24 国际纺织业标准色卡

任务三 孟塞尔表色系统

美国画家孟塞尔创建了用颜色立体模型方法表示的孟塞尔表色系统。该系统是一个三维类似球体的立体模型，把物体各种表面色的三种基本特征明度、色相、彩度全部表现出来。以颜色的视觉特性来制定颜色分类和标定系统，以按目视色彩感觉等间隔的方式，把各种表面色的特征表示出来。在孟塞尔颜色立体模型中，每一个部位各代表一个特定的颜色，并给予一定的标号，各标号的颜色都用纸片制成颜色样品卡片，按标号次序排列起来，汇编成颜色图册。

自 1915 年美国出版《孟塞尔颜色图谱》以来，孟塞尔表色系统不断在修改和完善。1943 年，美国光学学会组织了几百万人次的重新观察和测量，制定出了更加符合视觉上等距原则的《孟塞尔新标系统》，而且对每一张色卡都给出了相应的 CIE 1931 标准色度系统的色品坐标，两系统可以互换，使之更趋科学实用。由于孟塞尔表色系统表色完全，编排合理，孟塞尔图册制作精良，便于携带、保存与查阅，同时具有和 CIE 标准色度系统的转换关系，因而受到许多用色部门的关注，是目前最常用的表色系统之一，在许多国家的颜料、油墨、印刷品等用色领域作为分类和标定物体表面色的方法。美国国家标准学会和美国材料测试协会已将其作为颜色标准，英国标准协会也用孟塞尔标号来标定颜料，中国颜色体系及日本颜色标准均是以孟塞尔色系作为参照标准的。

一、孟塞尔色立体

孟塞尔色立体用三维空间、类似球体的模型，将各种能由稳定的色料调配出来的颜色，按色相、明度、彩度的特点进行排列表示，如图 3-25 所示。

在色立体中，每个色块代表着自然界中一种可以表现的颜色，并有一个特定的标号予以确认。在孟塞尔颜色立体中，中央轴代表色彩的明度，颜色越靠上方，明度越大；垂直于中央轴的圆平面周向代表颜色的色相；在垂直于中央轴的圆平面上，距离中央轴越近的颜色彩度越小，离轴越远彩度越大，如图 3-26 所示。

图 3-25　孟塞尔颜色立体

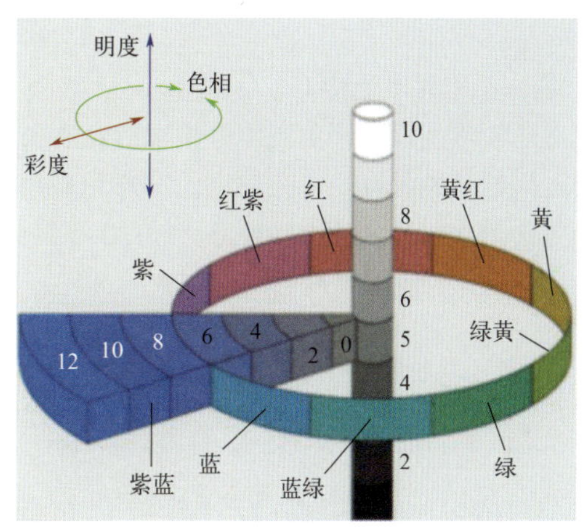

图 3-26　孟塞尔颜色立体示意

1. 孟塞尔明度（记作 V，Value）

孟塞尔颜色立体的中央轴代表由底部黑色到顶部白色的非彩色系列的明度值，称为孟塞尔明度值，以符号 V 表示。按照视觉上等距的原则，将明度分为 0 ～ 10 共 11 个等级，理想白色定为 V=10，理想黑色定为 V=0，在黑和白之间加入等明度渐变的 9 个灰色。在色立体中，彩色的明度值以离开基底平面的高度来代表，即同一水平面上的所有颜色的明度值相等，即与该水平面中央轴上的非彩色的明度值相同。

在印刷和摄影领域，通常将画面上明度值在 9 ～ 7 级的层次称为亮调，6 ～ 4 级称为中间调，3 ～ 1 级称为暗调。

2. 孟塞尔色相（记作 H，Hue）

孟塞尔色相是以围绕色立体中央轴的角位置来代表的，以符号 H 表示。孟塞尔色立体水平剖面上以中央轴为中心，将圆周等分为10个部分，排列着10种基本色相构成的色相环。色相环上是10种基本色，有五个主色（红 R、黄 Y、绿 G、蓝 B、紫 P）和 5 个间色（黄红 YR、绿黄 GY、蓝绿 BG、蓝紫 BP、红紫 RP）。

然后，再进一步把这十个色相各自从 1 ～ 10 细细划分，总计得到 100 个刻度的色相环，称为国际照明委员会色系，分别用 1 ～ 10 的前缀号表示，如 5R、10G、8BP 等。10 种基本色相的第 5 号，即 5R 红、5YR 黄红、5Y 黄、5GY 绿黄、5G 绿、5BG 蓝绿、5B 蓝、5PB 紫蓝、5P 紫、5RP 紫红，代表该色相的纯正颜色；所有的 1、2、3、4 号的色相都倾向于顺时针的前一种色相；所有的 6、7、8、9 号的色相都倾向于顺时针的后一种色相，如图 3-27 所示。如 5R 是纯正的红色，2R 是偏紫的红色，8R 是偏黄的红色。

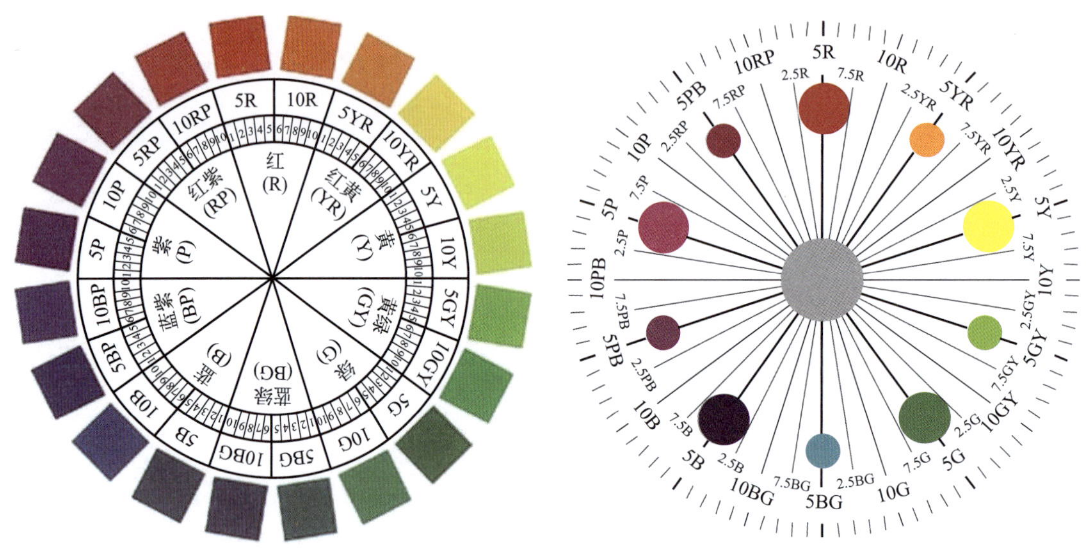

图 3-27　孟塞尔颜色系统色相环

3. 孟塞尔彩度（记作 C，Chroma）

孟塞尔彩度是以离开色立体中央轴的距离来代表的，以符号 C 表示，表示这一颜色与相同明度值的非彩色之间的差别程度。中央轴上的非彩色彩度为 0，离开中央轴越远，彩度越大。彩度被分为许多视觉上相等的等级，通常用 2、4、6、8…20 等偶数表示，奇数空着备用。不同色相的颜色最大彩度并不相同，如绿色、蓝色的彩度最高达到 6 ～ 8 级，红色的彩度最高达到 14 级，如图 3-28 所示。

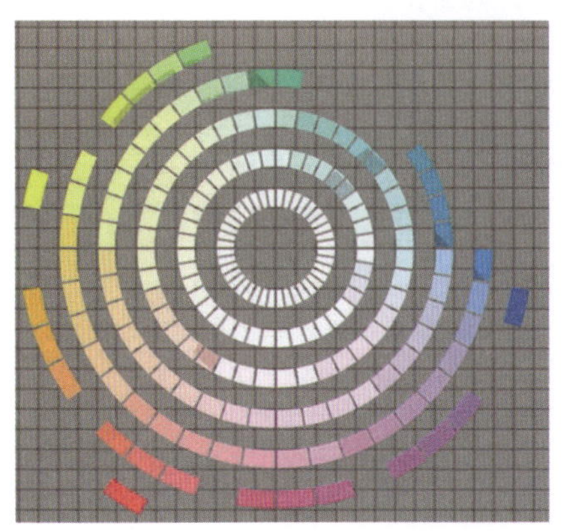

图 3-28　孟塞尔颜色立体彩度剖面图

彩度受明度影响很大，当颜色的明度改变时彩度也会相应改变。因此颜色必须在恰当的明度时才能表现出该色最高的纯度。如黄色 Y 属于高明度的颜色，在明度值很高时才能获得最大的彩度；绿色 G 属于中明度的颜色，在明度值中等时才能获得最大的彩度；紫蓝色 PB 属于低明度的颜色，在明度值较低时才能获得最大的彩度。这就使得孟塞尔色立体无法成为规则的球体，而近似纺锤体。

二、孟塞尔颜色标号

任何能用色料调配获得的颜色都可以在孟塞尔色立体上找到位置，并能用色立体的色相、明度、彩度这三项坐标进行标定。孟塞尔系统表色法又称为 HVC 表色法，是国际上较为通用的标记色彩的方法。

1. 彩色的标号

HV/C= 色相・明度值 / 彩度值。

孟塞尔标号为 5R8/6 的颜色，色相 5R 说明它是纯正的红色，明度值 8 说明它比较明亮，彩度值 6 说明它的饱和度中等。

2. 非彩色的标号

NV/= 中性色・明度值 /。

孟塞尔标号为 N8/ 的颜色，是明度值为 8 的浅灰色。

3. 微彩色的标号

NV/（H，C）= 中性色・明度值 /（色相，彩度值）。

对于彩度低于 0.3 的黑、灰、白色进行精确标定时，采用此标号方式。孟塞尔标号为 N8/(G,0.2)，是略带绿色的浅灰色。

练一练

1. 请说明孟塞尔颜色标号的含义，并记录在表 3-6 中。

表 3-6　孟塞尔颜色标号的含义

标号	颜色类别（彩色 / 非彩色 / 微彩色）	色相	明度值	彩度值
5PB3/12				
N7/				
8Y4/8				
N3/(B,0.1)				

2. 按照要求对四个孟塞尔颜色排序。

① 5P5/10　　② 2.5GB4/4　　③ 7.5Y7/8　　④ 5R6/6

明度从高到低排序：（　　）>（　　）>（　　）>（　　）

饱和度从小到大排序：（　　）<（　　）<（　　）<（　　）

三、孟塞尔颜色图册

孟塞尔颜色图册是按照孟塞尔颜色立体模型的分类方法，用纸片制成许多标准颜色样品，汇编而成的，如图 3-29 所示。在孟塞尔颜色图册中，一般给出每种基本色相的 2.5、5、7.5、10 四个等级，将色相环围绕中央轴垂直切割成 40 个剖面，每一剖面即为样册的一页，全图册共 40 页。每页包括同一色调的不同明度值和不同彩度值的颜色卡片。

色立体 7.5Y（黄色）和 2.5PB（紫蓝色）两种色相的垂直剖面如图 3-29。中央轴表示明度值等级 0 ～ 10；中央轴左侧的色相是紫蓝色，当明度值为 5 时，紫蓝色的彩度值最大，能达到 12 级，该色的标号为 2.5PB5/12；中央轴右侧的色相是黄色，当明度值为 8 时，黄色的彩度值最大，能达到 10 级，该色的标号为 7.5Y8/10。如果颜色样品介于孟塞尔颜色图册中的两种色样之间时，可采用中间数值标注。

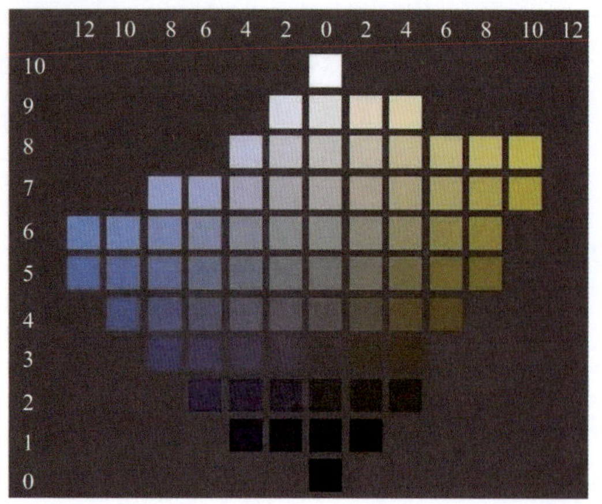

图 3-29 孟塞尔颜色图册

（1）利用孟塞尔颜色图册可以确定任何表面色的孟塞尔颜色标号。只需将颜色卡片与样品色进行目视匹配，找出与样品色相同的孟塞尔色卡，从而给出样品色的孟塞尔颜色标号，这样大大方便了人们进行颜色交流。比如，奥运会会旗的五环标志，分别用孟塞尔标号 1PB4/11、N1/、6R4/15、3Y8/14、5G5.5/9 表示，在任何一个国家，按此标号在孟塞尔图册中查出对应的颜色进行印制，从而保证全世界五环旗颜色的一致性，如图 3-30 所示。

图 3-30 依据孟塞尔图册来印制五环旗颜色

（2）孟塞尔颜色图册可用于 CIE 标准色度系统与孟塞尔系统的相互转换。孟塞尔颜色图册中每一张色卡既有孟塞尔标号，又有 x、y 和 Y 的对应数值，可根据“孟塞尔系统颜色样品的 CIE 1931 色品坐标（Y, x, y）”对照表进行相互转换，是一种科学的表色方法，也是一种世界通用的色彩语言。

（3）孟塞尔表色系统的颜色卡片是按视觉等差的规律排列的，因此常被用来检验与某一色差公式有关的颜色空间均匀性。比如，经它检验，CIE $L^*a^*b^*$ 和 CIE $L^*u^*v^*$ 均匀颜色空间的均匀性并非完全理想，但 CIE $L^*a^*b^*$ 色空间的均匀性略优于 CIE $L^*u^*v^*$ 色空间。

任务四* 自然色系统

趣味一测

莲子（如图 3-31）是大家熟悉的一种食材，你能描述一下“莲白”的颜色吗？

图 3-31 莲子的颜色

自然色系统（natural colour system）由瑞典科学家提出，在色彩学、心理学、物理学以及建筑学等十几位专家的共同努力下，经过数不清的科学实验，于 1979 年完成，并出版了 NCS 颜色图谱。NCS 已经成为瑞典、挪威、西班牙等国家的检验标准，是欧洲使用最广泛的色彩系统。NCS 起源于赫林的四色理论，确定颜色的方法基于人的颜色视觉，是按照颜色外貌与 6 种心理原色相类似的程度来分类和排列的，或者说是用所含这 6 种原色的比例来排列的。NCS 为每一个具有正常色觉的人提供了一种直接判定颜色的方法，不需借用仪器与色样。

一、NCS 基本原理

自然色系统以 6 个心理原色白色 W、黑色 S、黄色 Y、红色 R、蓝色 B、绿色 G 为基础（如图 3-32）。黑白是非彩色，黄、红、蓝、绿是彩色。这六种心理原色是人脑中固有的颜色感觉，是做颜色判断时的心理标准。心理原色黄色是既无红色感觉也无绿色感觉的纯黄色，心理原色红色是既无黄色感觉也无蓝色感觉的纯红色，以此类推。在这个系统中用“相似”，而不是“混合”来说明颜色，正是由于它是根据直接观察的颜色感觉，而非混色实验来对颜色进行分类与排列的。按照人们的视觉特点，心理原色黄色可以和红、绿相似而不可能和蓝相似；蓝色可以和红、绿相似而不可能和黄相似；红色可以和蓝、黄相似而不可能和绿相似；绿色可以和蓝、黄相似而不可能和红相似；其他颜色均可以看作是和红、绿、黄、蓝、黑、白这 6 种颜色有不同程度的相似的颜色；白色和黑色是想象当中最白和最黑的纯色。

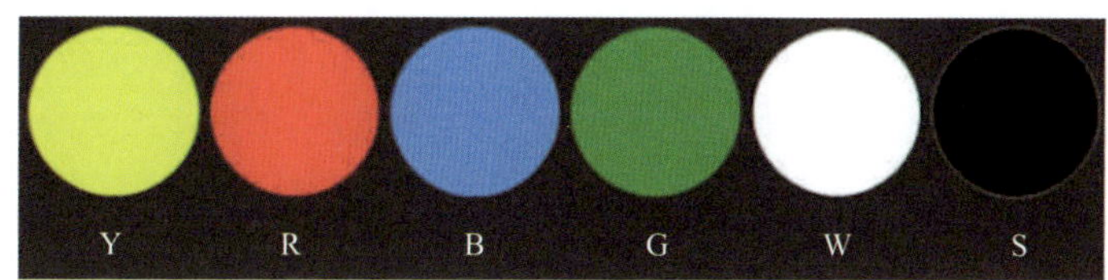

图 3-32　自然色系统 6 个心理原色

二、NCS 颜色模型

在 NCS 颜色空间的三维立体模型（如图 3-33）中，色立体的纵轴表示非彩色系统，顶端是白色，底端是黑色；色立体的中部由黄、红、蓝、绿四种彩色原色构成一个色相环。在这个立体系统中，每一种颜色都占有一个特定的位置，并且和其他颜色有着准确的关系。

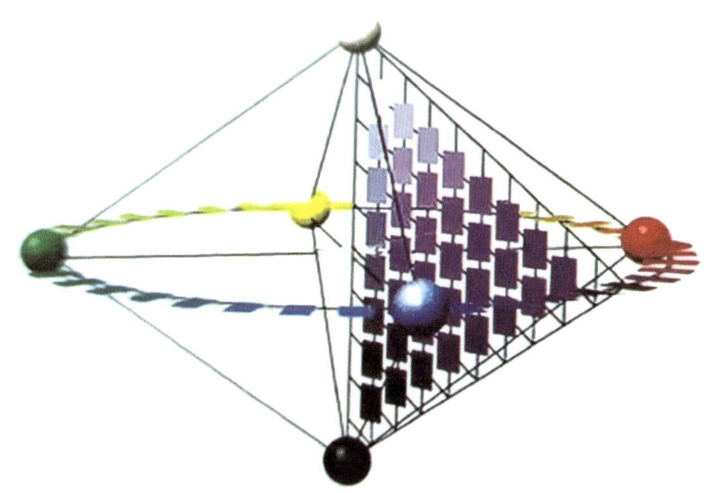

图 3-33　NCS 颜色空间三维立体模型

颜色立体的横剖面是圆形的色相环（如图 3-34），有 4 种彩色原色，黄、红、蓝、绿，它们把整个圆环分成 4 个象限，即 Y-R 象限、R-B 象限、B-G 象限、G-Y 象限，每个象限又分为 100 个等级。以象限 Y-R 为例，从 Y 到 Y50R，与黄的类似度由 100% 逐渐减少至 50%，与红的类似度由 0% 逐渐增加至 50%；从 Y50R 到 R，与黄的类似度由 50% 逐渐减少至 0%，与红的类似度由 50% 逐渐增加至 100%。

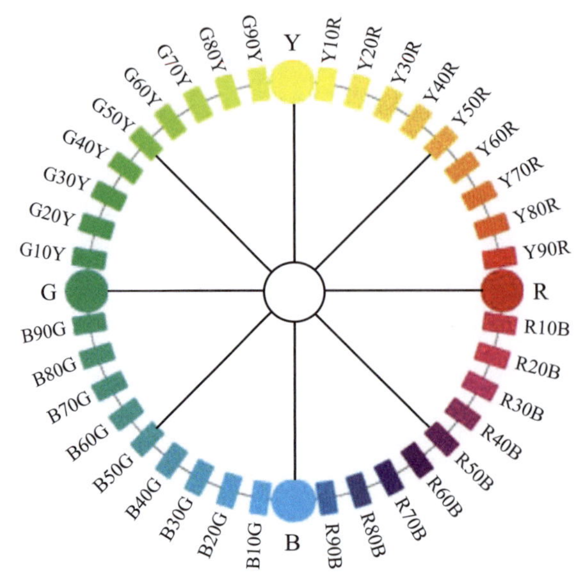

图 3-34 NCS 颜色空间横剖面

颜色立体的垂直剖面（如图 3-35）的左右半侧各是一个三角形，称为颜色三角形。三角形的 W 角（顶端）代表心理原色白，S 角（底端）代表心理原色黑，C 代表一个纯色，与黑白都不相似，它是色立体中部最大圆周上（色相环）的点。颜色三角形有 2 种标尺，彩度标尺说明一个颜色与纯彩色的接近程度，黑白标尺说明一个颜色与黑色的接近程度，这两种标尺被均分成 100 等份。NCS 规定，任何一种颜色所包含的原色数量总量为 100，即白 + 黑 + 彩色 =100。以色调 R40B 的颜色为例，经目测后判定其与黑原色的类似度为 10%，与纯彩色的接近程度为 70%，则还有 20% 的白（100%−10%−70%）。

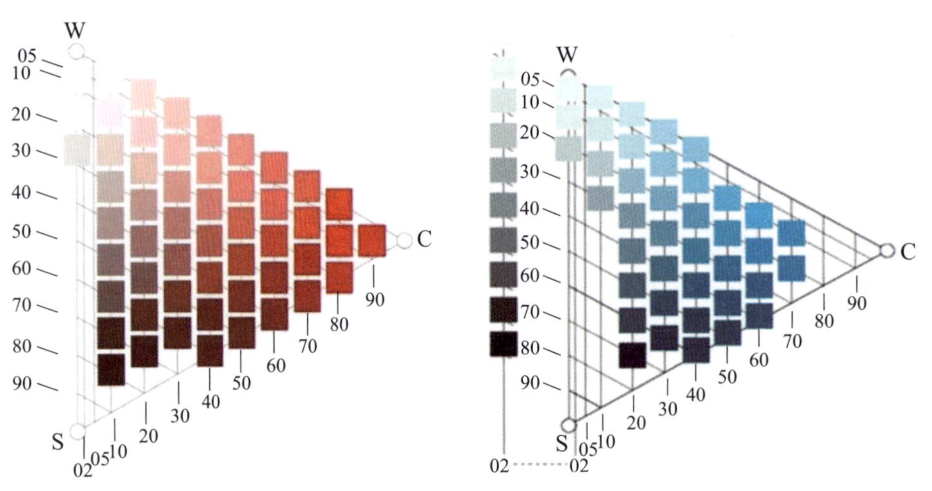

图 3-35 NCS 垂直剖面图

三、NCS 颜色标号

用 NCS 判断颜色时，第一步是确定颜色的色相。首先要辨识出该颜色的色相位于哪两个原色构成的象限中，然后再判断这一色相与两种原色相类似的程度。第二步是由目测判别出该颜色中含彩色 C 和非彩色量（白 W 和黑 S）的相对多少。

某彩色标号为 S 2030-Y90R。字母“S”表示 NCS 第 2 版色样；“2030”表示该颜色包含 20% 的黑和 30% 的彩色，也就是说，该颜色还有 100%−20%−30%=50% 的白；“Y90R”表示色相在 30% 的彩色中 Y 与 R 之间的对应关系，Y90R 表示红色占彩色的 90% 和黄色占彩色的 10%。所以说在这一颜色中，各原色的比例关系是：黑 20%、白 50%、黄 3%（30%×10%）、红 27%（30%×90%）、蓝 0%、绿 0%。

"莲白" NCS 色彩标号是 S 0520-Y10R，含 5% 的黑色、20% 的彩色（色相是 Y10R，黄占 90%、红占 10%）、75% 的白色，该色是一个非常浅、接近于白色、黄中微泛红的颜色。

纯粹的灰色是没有色相的，以 -N 来表示非彩色标号。其范围从 0500-N（白色）到 9000-N（黑色）。白色 0500-N 各原色的比例关系为：黑 5%、白 95%、黄 0%、红 0%、蓝 0%、绿 0%；黑色 9000-N 各原色的比例关系为：黑 90%、白 10%、黄 0%、红 0%、蓝 0%、绿 0%。

练一练

1. 分析 NCS 颜色标号的含义，填写表 3-7 的内容。

表 3-7　NCS 颜色标号的含义

标号	色相	六个原色的比例关系					
		黑	白	黄	红	蓝	绿
1070-R40B							
2040-B60G							
6000-N							
6020-G20Y							
2500-N							

2. 表 3-7 中的五个颜色标号，有（　　）个属于非彩色，有（　　）个属于彩色，（　　）的彩色量最高。

任务五　CIE 色度系统

CIE 标准色度学系统是一种混色系统，是以颜色匹配实验为出发点建立起来的，用组成每种颜色的三原色数量来定量表达颜色。

一、颜色匹配实验

把两种颜色调节到视觉上相同或相等的过程叫作颜色匹配。利用色光相加的实验方法来实现颜色匹配。如图 3-36，左侧是一块白色屏幕，用一黑挡屏隔开分成上下两部分，红、绿、蓝三原色光照射上半部分，待测光照射下半部分，由白色屏幕反射出来的光通过右侧的小孔被人眼所接收，人眼看到的视场角在 2°左右，被分为上、下两部分。调节上方三原色光的强度来混合形成待测光的光色，当视场中两部分光色相同时，视场中的分界线就会消失，合二为一。此时认为三原色的混合色光与待匹配光的光色达到颜色匹配。通过大量的实验比对，发现不同的待测光达到色匹配时的三原色光混合比例是不一样的。

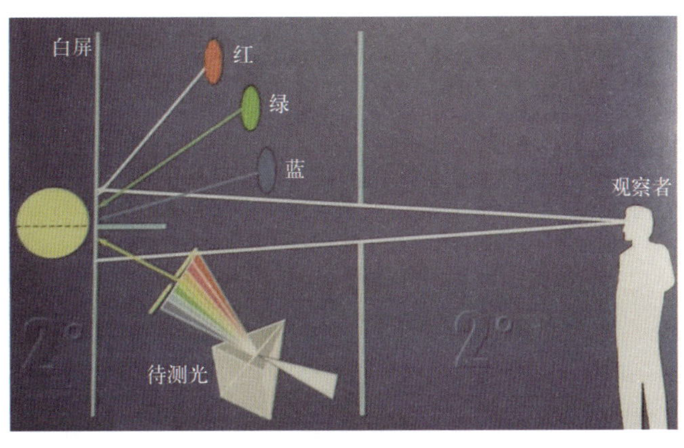

图 3-36　颜色匹配实验

二、三刺激值

在色光颜色匹配实验中，当与待测色达到色匹配时所需要的红、绿、蓝三种原色光的数量，称为三刺激值，记作 R、G、B。R、G、B 分别表示红光、绿光、蓝光的数量，为代数量，一种颜色与一组 R、G、B 值相对应，若两种颜色的 R、G、B 值相同，它们的颜色感觉必定相同。于是，通过选定三原色，进行颜色匹配实验，就可以找出各种颜色达到色匹配时的三原色数量，即三刺激值，用三刺激值来表示不同的颜色，这就是 CIE 色度系统的基本出发点。

三、光谱三刺激值

匹配等能光谱色的三原色数量，用符号 $\bar{r}$、$\bar{g}$、$\bar{b}$ 表示。

任意色光都是由单色光组成的，如果各单色光的光谱三刺激值预先测得，根据混色原理就能计算出该色光的三刺激值来。于是将各单色光的辐射能量值都保持相同（这样的光谱分布称作等能光谱）来做颜色匹配实验，就得到光谱三刺激值，又称为颜色匹配函数，它的数值只取决于人眼的颜色视觉特性，代表了三种感光视神经对光谱的响应，是色度计算的基础。

四、色品坐标和色品图

在色度学的讨论中，很多情况下只关心颜色中的彩色特性，而不关心明度的变化，此时只涉及两个变量的变化，可以不用三原色的数量（即 R、G、B 三刺激值）来表示颜色，而使用三原色各自在 $R+G+B$ 总量中的相对比例来表示颜色。三原色各自在 $R+G+B$ 总量中的相对比例，称为色品坐标，用符号 r、g、b 来表示。色品坐标与三刺激值的关系如下：

$$\begin{cases} r=\dfrac{R}{R+G+B} \\ g=\dfrac{G}{R+G+B} \\ b=\dfrac{B}{R+G+B}=1-r-g \end{cases}$$

由于 $r+g+b=1$，所以只用 r 和 g 即可表示一个颜色。以色品坐标 r、g 表示的平面图，称为色品图。三角形的三个顶点分别代表红、绿、蓝三原色，单位用（R）、（G）、（B）表示，色品坐标 r 和 g 分别是横、纵坐标。这个三角形色品图由麦克斯韦首先提出，故称为麦克斯韦颜色三角形，如图 3-37 为国际标准色品图。

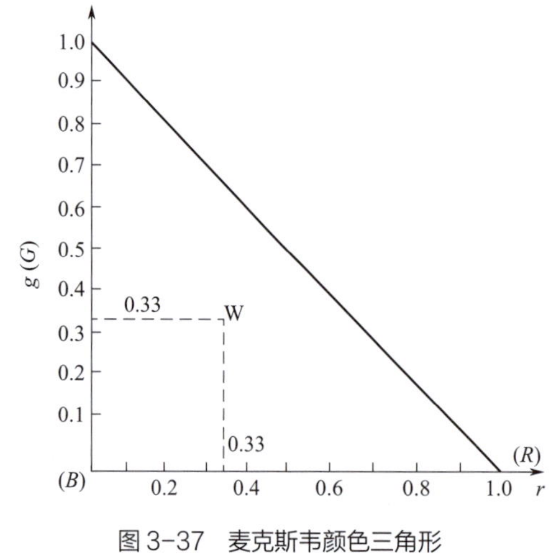

图 3-37　麦克斯韦颜色三角形

三刺激值的单位（R）、（G）、（B）是这样确定的：选某一特定波长的红、绿、蓝三原色进行混合，直到三原色光以适当比例匹配出标准白光，将此时的三原色数量均定为一个单位（R）、（G）、（B）。即匹配标准白光时，三原色的数量 R、G、B（三刺激值）相等，R=G=B=1。故标准白光 W 的色品坐标是：$r=\frac{1}{1+1+1}=0.33$、$g=\frac{1}{1+1+1}=0.33$、$b=\frac{1}{1+1+1}=0.33$。

五、CIE 1931 RGB系统

从颜色视觉产生的过程可以得出，物体的颜色既取决于外界的光辐射，又取决于人眼的视觉特性。颜色的测量和标定必须与人的观察结果相符合才有实际意义。因此，为了用三刺激值标定颜色首先必须研究人眼的颜色视觉特性，即测得光谱三刺激值。科学家们邀请数百位正常视觉者进入暗室，选用波长 380 ～ 780nm 范围内相近似的红、绿、蓝色光，以各种强度进行反复的混合实验，最终 CIE 将三原色光波长确定为 700nm（红）、546.1nm（绿）、435.8nm（蓝），在相对亮度比例为 1.0000∶4.5907∶0.0601 时就能匹配出等能白光（E 光源）。2°视场下，用上述选定的三原色匹配等能光谱色的 R、G、B 三刺激值，用 $\bar{r}$、$\bar{g}$、$\bar{b}$ 表示。这一组函数叫作“CIE 1931 *RGB* 系统标准色度观察者光谱三刺激值”，简称“CIE 1931 *RGB* 系统标准色度观察者”，如表 3-8 所示。

表 3-8　国际 *RGB* 坐标制

CIE 1931 *RGB* 标准色度观察者						
波长 /nm	光谱三刺激值			色度坐标		
	$\bar{r}(\lambda)$	$\bar{g}(\lambda)$	$\bar{b}(\lambda)$	$\bar{r}(\lambda)$	$\bar{g}(\lambda)$	$\bar{b}(\lambda)$
380	0.00003	−0.00001	0.00117	0.02720	−0.01150	0.98430
385	0.00005	−0.00002	0.00189	0.02680	−0.01140	0.98460
390	0.00010	−0.00004	0.00359	0.02630	−0.01140	0.98510
395	0.00017	−0.00007	0.00647	0.02560	−0.01130	0.98570
400	0.00030	−0.00014	0.01214	0.02470	−0.01120	0.98650
405	0.00047	−0.00022	0.01969	0.02370	−0.01110	0.98740
410	0.00084	−0.00041	0.03707	0.02250	−0.01090	0.98840
415	0.00139	−0.00070	0.06637	0.02070	−0.01040	0.98970
420	0.00211	−0.00110	0.11541	0.01810	−0.00940	0.99130
…	…	…	…	…	…	…
…	…	…	…	…	…	…
490	−0.05814	0.05689	0.08257	−0.71500	0.69960	1.01540
495	−0.06414	0.06948	0.06246	−0.94590	1.02470	0.92120
500	−0.07173	0.08536	0.04776	−1.16850	1.39050	0.77800
505	−0.08120	0.10593	0.03688	−1.31820	1.71950	0.59870
510	−0.08901	0.12860	0.02698	−1.33710	1.93180	0.40530
…	…	…	…	…	…	…
…	…	…	…	…	…	…
590	0.30928	0.09754	−0.00079	0.76170	0.24020	−0.00190
595	0.33184	0.07909	−0.00063	0.80870	0.19280	−0.00150
600	0.34429	0.06246	−0.00049	0.84750	0.15370	−0.00120
605	0.34756	0.04776	−0.00038	0.88000	0.12090	−0.00090
610	0.33971	0.03557	−0.00030	0.90590	0.09490	−0.00080
…	…	…	…	…	…	…
…	…	…	…	…	…	…

CIE 1931 *RGB* 标准色度观察者						
波长/nm	光谱三刺激值			色度坐标		
	$\bar{r}(\lambda)$	$\bar{g}(\lambda)$	$\bar{b}(\lambda)$	$\bar{r}(\lambda)$	$\bar{g}(\lambda)$	$\bar{b}(\lambda)$
690	0.00819	0.00000	0.00000	0.99960	0.00040	0.00000
695	0.00572	0.00000	0.00000	0.99990	0.00010	0.00000
700	0.00410	0.00000	0.00000	1.00000	0.00000	0.00000
705	0.00291	0.00000	0.00000	1.00000	0.00000	0.00000
710	0.00210	0.00000	0.00000	1.00000	0.00000	0.00000
…	…	…	…	…	…	…
…	…	…	…	…	…	…
760	0.00006	0.00000	0.00000	1.00000	0.00000	0.00000
765	0.00004	0.00000	0.00000	1.00000	0.00000	0.00000
770	0.00003	0.00000	0.00000	1.00000	0.00000	0.00000
775	0.00001	0.00000	0.00000	1.00000	0.00000	0.00000
780	0.00000	0.00000	0.00000	0.00000	0.00000	0.00000

在色光匹配实验中，如果屏幕上被匹配的颜色是非常饱和的光谱色，无论以任何比例的红、绿、蓝匹配都无法实现，这时可将三原色光中含量最少的一个加到待匹配的光谱色一侧，用其余两个原色光实现匹配效果。于是，出现了两个原色光为正值、一个原色光为负值的色光匹配结果。例如，光谱色的黄色，只能通过少量的蓝光加在黄光一侧，用红光和绿光匹配，才能获得满意的结果。可以理解为某颜色可以由 $\bar{r}$ 个单位的红、$\bar{g}$ 个单位的绿，同时减去 $\bar{b}$ 个单位的蓝匹配而成。

拓展

CIE 1931 *RGB* 真实三原色表色系统是根据莱特（W.D.Wright）和吉尔德（J.Guild）分别实验的结果，取其光谱三刺激值的平均值，作为该系统的光谱三刺激值的，全部的光谱三刺激值又称为“标准色度观察者”。

1928—1929 年，莱特用红 650nm、绿 530nm、蓝 460nm 作为三原色，由 10 名观察者在 2° 视场条件下做了颜色匹配实验。其三原色的单位是这样规定的，相等数量的红和绿刺激匹配，获得 582.5nm 的黄色，相等数量的蓝和绿刺激匹配，获得 494.0nm 的蓝绿色。为了匹配 460 ～ 530nm 的光谱色，原色红的刺激值是负值，说明必须将少量的红加到光谱色的一侧，以降低光谱色的饱和度，才能使原色绿和蓝的混合色与之匹配。

同样，吉尔德选择用红 630nm、绿 524nm、蓝 460nm 作为三原色，由 7 名观察者做了颜色匹配实验。他以三原色色光匹配色温为 4800K 的白光为条件，规定三者的数值关系。发现无论匹配哪一个波长上的光谱色，总有负值出现，在 510nm 处，原色红的负值最大。

根据两人的实验结果，如果把三原色光转换成红 700nm、绿 546.1nm、蓝 435.8nm，并将三原色的单位调整到相等的数量，相加匹配出等能白光的条件，两人的结果非常一致。因此，CIE 规定三原色光的相对亮度比例为 1.0000 : 4.5907 : 0.0601，或者它们的辐射能之比为 72.0962 : 1.3971 : 1.0000 时就能匹配出等能白光，所以 CIE 选取这一比例作为红、绿、蓝三原色的单位量，即 $(R):(G):(B)=1:1:1$。尽管这时三原色的亮度值并不相等，但 CIE 却把每一原色的亮度值作为一个单位看待。因此，波长为 λ 的光谱色的匹配方程可以表示为 $C_\lambda \equiv \overline{r_\lambda}(R)+\overline{g_\lambda}(G)+\overline{b_\lambda}(B)$。

六、CIE 1931 *XYZ*标准色度系统

由于 CIE 1931 *RGB* 系统的光谱三刺激值与色品坐标都出现了负值，计算起来不方便，又不易理解，因此 1931 年 CIE 讨论推荐了一个新的国际通用的色度系统 CIE 1931 *XYZ* 标准色度系统。

所谓 CIE 1931 *XYZ* 系统，就是在 *RGB* 系统的基础上，用数学方法，选用三个理想的原色 *X*、*Y*、*Z*（*X* 代表理想的红原色、*Y* 代表理想的绿原色、*Z* 代表理想的蓝原色）代替实际的三原色，从而将 CIE 1931 *RGB* 系统中的光谱三刺激值 $\bar{r}$、$\bar{g}$、$\bar{b}$ 和色度坐标 *r*、*g*、*b* 均变为正值，产生了 CIE 1931 *XYZ* 色度系统的三刺激值 $\bar{X}$、$\bar{Y}$、$\bar{Z}$，定义为“CIE 1931 标准色度观察者光谱三刺激值”，简称“CIE 1931 标准色度观察者”。

色光匹配时，理想的红、绿、蓝三种色光中任一原色光所占的比例分别用 *x*、*y*、*z* 表示：

$$\begin{cases} x = \dfrac{\bar{X}}{\bar{X}+\bar{Y}+\bar{Z}} \\ y = \dfrac{\bar{Y}}{\bar{X}+\bar{Y}+\bar{Z}} \\ z = \dfrac{\bar{Z}}{\bar{X}+\bar{Y}+\bar{Z}} = 1-x-y \end{cases}$$

以匹配红色为例，所需的红、蓝、绿三原色光的量分别是 $\bar{X}$（0.0114）、$\bar{Y}$（0.0041）、$\bar{Z}$（0.0000）。将这组光谱三刺激值代入公式计算，可得红原色的比例 x=0.7347，绿原色的比例 y=0.2653，蓝原色的比例 z=0.0000，这组数据即该颜色的色度坐标。

将这组数据在平面直角坐标系上标定出来，就相当于表明了红色在色度图上的坐标位置。以此类推，任一颜色都能用红绿蓝三原色匹配、都有自己的色光匹配三刺激值；将任一颜色的光谱三刺激代入公式，都可以计算出一组色度坐标数据，如表 3-9 所示，在色度图上进行坐标定位。

表 3-9　CIE 1931 色度系统的光谱三刺激值和色度坐标

CIE 1931 *XYZ* 标准色度观察者						
波长/nm	色度坐标			光谱三刺激值		
	$x(\lambda)$	$y(\lambda)$	$z(\lambda)$	$\bar{X}(\lambda)$	$\bar{Y}(\lambda)$	$\bar{Z}(\lambda)$
380	0.1740	0.0050	0.8209	0.0014	0.0000	0.0065
385	0.1740	0.0050	0.8210	0.0022	0.0001	0.0105
390	0.1738	0.0049	0.8213	0.0042	0.0001	0.0201
395	0.1736	0.0049	0.8215	0.0076	0.0002	0.0362
400	0.1733	0.0048	0.8219	0.0143	0.0004	0.0679
405	0.1730	0.0048	0.8222	0.0232	0.0006	0.1102
410	0.1726	0.0048	0.8226	0.0435	0.0012	0.2074
415	0.1721	0.0048	0.8231	0.0776	0.0022	0.3713
420	0.1714	0.0051	0.8235	0.1344	0.0040	0.6456
…	…	…	…	…	…	…
…	…	…	…	…	…	…
490	0.0454	0.2950	0.6596	0.0320	0.2080	0.4652
495	0.0235	0.4127	0.5628	0.0147	0.2586	0.3533
500	0.0082	0.5384	0.4534	0.0049	0.3230	0.2720
505	0.0039	0.6548	0.3413	0.0024	0.4073	0.2123
510	0.0139	0.7502	0.2359	0.0093	0.5030	0.1582
…	…	…	…	…	…	…
…	…	…	…	…	…	…

波长/nm	色度坐标			光谱三刺激值		
	$x(\lambda)$	$y(\lambda)$	$z(\lambda)$	$\bar{X}(\lambda)$	$\bar{Y}(\lambda)$	$\bar{Z}(\lambda)$
590	0.5752	0.4242	0.0006	1.0263	0.7570	0.0011
595	0.6029	0.3965	0.0006	1.0567	0.6949	0.0010
600	0.6270	0.3725	0.0005	1.0522	0.6130	0.0008
605	0.6482	0.3514	0.0004	1.0456	0.5668	0.0006
610	0.6658	0.3340	0.0002	1.0026	0.5030	0.0003
…	…	…	…	…	…	…
…	…	…	…	…	…	…
690	0.7344	0.2656	0.0000	0.0227	0.0082	0.0000
695	0.7346	0.2654	0.0000	0.0158	0.0057	0.0000
700	0.7347	0.2653	0.0000	0.0114	0.0041	0.0000
705	0.7347	0.2653	0.0000	0.0081	0.0029	0.0000
710	0.7347	0.2653	0.0000	0.0058	0.0021	0.0000
…	…	…	…	…	…	…
…	…	…	…	…	…	…
760	0.7347	0.2653	0.0000	0.0002	0.0001	0.0000
765	0.7347	0.2653	0.0000	0.0001	0.0000	0.0000
770	0.7347	0.2653	0.0000	0.0001	0.0000	0.0000
775	0.7347	0.2653	0.0000	0.0001	0.0000	0.0000
780	0.7347	0.2653	0.0000	0.0000	0.0000	0.0000
光谱三刺激值求和				21.3615	21.3531	21.3707

(表题：CIE 1931 *XYZ* 标准色度观察者)

七、CIE 1931色度图

将各波长的色光所对应的色度坐标数据，依次标定在平面直角坐标系上，进行描点连线，就能圈出马蹄形的颜色区域，称为CIE色度图，如图3-38所示。这一区域内包含的颜色，代表自然界可以通过物理方式混合产生的全部色彩，计算机显示器、油墨印刷机、打印机、扫描仪等设备所能表现的全部颜色，都包含在这一区域内。

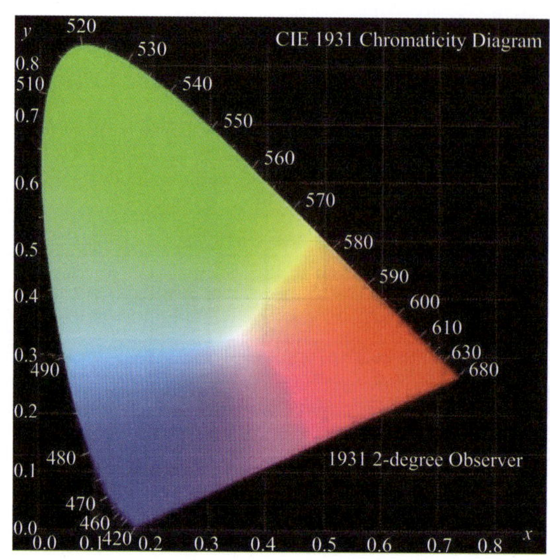

图3-38 CIE色度图

在 CIE 1931 XYZ 系统中，色度坐标 x 相当于红原色的比例，y 相当于绿原色的比例，没有 z 坐标（z 相当于蓝原色的比例，因为 $x+y+z=1$，当 x 与 y 确定后，$z=1-x-y$ 是固定值）。

在马蹄形区域的弯曲轨迹上，分布着波长单一、饱和度最高的各种光谱色，称为光谱轨迹。从光谱的红端（700nm 左右）到绿端（540nm 左右），光谱轨迹几乎是一条直线；然后光谱轨迹突然弯曲，颜色从绿转为蓝绿；蓝绿色从 510nm 到 480nm 这一段曲率较小；蓝和紫色波段在光谱轨迹末端较短的范围。

在马蹄形区域的下方，连接 400nm 到 700nm 的直线上的颜色是光谱色中没有的，是由红到紫的品红色系（谱外色），这条连线被称为紫红轨迹。

中央白点 E 处，有红、绿、蓝三原色光各 $\frac{1}{3}$ 产生的等能白光，明度最高，饱和度最低，其色度坐标为：$x=0.\dot{3}$，$y=0.\dot{3}$，$z=0.\dot{3}$。

然而坐标系统的原色点，却落在马蹄形区域之外，因为理想的三原色红、绿、蓝是假象点，不能用物理的色光混合实现。

拓展

为了使用方便，XYZ 三角形经过转换就成了直角三角形，即目前国际通用的 CIE 1931 色度图。在 CIE 1931 色度图中仍然保持 CIE 1931 RGB 系统的基本性质和关系。CIE 1931 XYZ 和 CIE 1931 RGB 系统的色度坐标的转换关系为：

$$\begin{cases} x(\lambda)=\dfrac{0.490r(\lambda)+0.310g(\lambda)+0.200b(\lambda)}{0.667r(\lambda)+1.132g(\lambda)+1.200b(\lambda)} \\ y(\lambda)=\dfrac{0.177r(\lambda)+0.812g(\lambda)+0.010b(\lambda)}{0.667r(\lambda)+1.132g(\lambda)+1.200b(\lambda)} \\ z(\lambda)=\dfrac{0.000r(\lambda)+0.010g(\lambda)+0.990b(\lambda)}{0.667r(\lambda)+1.132g(\lambda)+1.200b(\lambda)} \end{cases}$$

八、CIE 1931-*Yxy* 颜色空间

色度坐标只规定了颜色的色度，没有规定颜色的亮度，故 CIE 色度图只显示了色相和饱和度两种颜色特征。若要唯一确定某颜色，必须指出该色的亮度特征。

建立 CIE 1931 XYZ 色度系统时，规定（X）和（Z）的亮度为 0，XZ 线视为无亮度线。无亮度线上的各个点只代表色度，没有亮度。只有 Y 既代表色度，又代表亮度，称为亮度因数。所以 $\bar{y}(\lambda)$ 函数曲线与明视觉光谱光视效率 $V(\lambda)$ 一致，即 $\bar{y}(\lambda)=V(\lambda)$。

这样，既有了表明颜色特征的色度坐标 x、y，又有了表示颜色亮度特征的亮度因数 Y，则该颜色的外貌才能完全唯一地确定。用一个立体图直观形象地表示这三个参数的意义：Y 轴从中央白点 E 处垂直穿过，使二维平面的 CIE 色度图变成三维空间的形式，由亮度因数 Y 和色度坐标 x、y 表示的色空间，称为 CIE Yxy 颜色空间，如图 3-39 所示。

九、CIE 1964 补充标准色度系统

人眼观察物体细节时的分辨力与观察时的视场大小有关，与此相似，人眼对色彩的分辨力也受视场大小的影响。在观察 2°左右小面积物体时，主要是中央凹锥体细胞在起作用；在大面积视物观察条件下（$>4°$），由于杆体细胞的参与以及中央凹黄色素的影响，颜色视觉会发生一定的变化，主要表现为饱和度的降低及颜色视场出现不均匀的现象。实验表明：人眼用小视场观察颜色时，颜色差异的辨别能力较低；当观察视场从 2°增大至 10°时，颜色匹配的精度和辨别色差的能力都随之提高；但视场进一步增大，颜色匹配精度的提高就不大了。

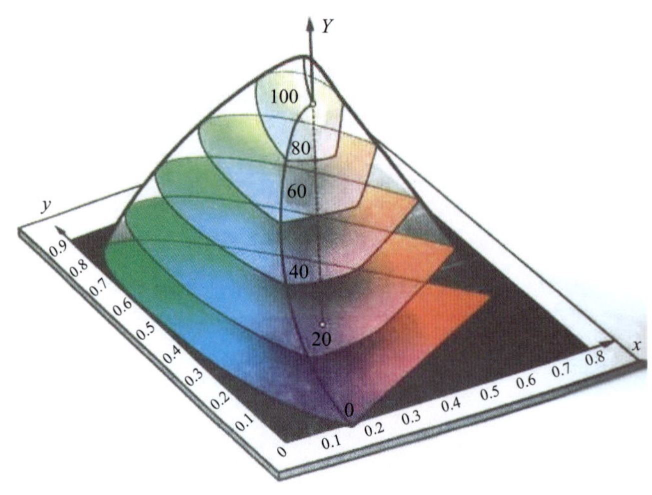

图 3-39　CIE 色度图

CIE 1931 *XYZ* 标准色度系统是在 2°视场下实验的结果，适用于＜ 4°的视场范围。日常观察物体时的视野往往会超过 2°范围，由于这一原因，为了适应大视场颜色测量的需要，1964 年 CIE 又补充规定了一种 10°视场的表色系统，即 CIE 1964 补充标准色度观察者光谱三刺激值，简称为“CIE 1964 补充标准色度观察者”，这一系统称为“CIE 1964 补充标准色度系统”。

这两个系统的三刺激值和色度坐标的概念相同，只是数值不同。为了区别起见，在 10°视场下的这些物理量均标注下标“10”，表示为 $X_{10}Y_{10}Z_{10}$、$x_{10}y_{10}z_{10}$。对比二者的色度坐标图发现（如图 3-40），光谱轨迹形状非常相似，但是相同波长的光谱色在各自光谱轨迹上的位置有较大的差异；唯一重合的点，是等能白光 *E* 点。

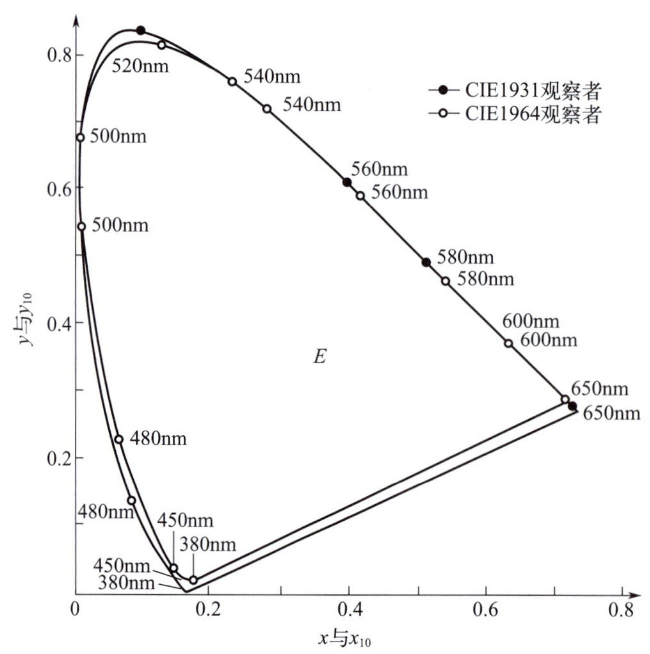

图 3-40　CIE 1931 和 CIE 1964 色度坐标图对比

十、颜色空间的不均匀性

由于人眼分辨颜色变化的能力是有限的，故对色彩差别很小的两种颜色，人眼分辨不出它们的差异，只有当色度差增大到一定数值时，人眼才能觉察出它们的差异。我们把人眼感觉不出来的色彩的差别量（变化范围）叫作颜色的宽容量，把人眼刚刚能觉察出来的颜色差别所对应的色差称为恰可分辨差。两种颜色色彩的差别量反映在色度图上就是两者色度坐标之间的距离。由于每一种颜色在色度图上就是一个点，当这个点的坐标发生较小的变化时，由于眼睛的视觉特性，人眼并不能够感觉出其中的变化，认为仍然是一个颜色。所以，对于视觉效果而言，在这个变化范围内的所有颜色，在视觉上都是等效的。

莱特、彼特和麦克亚当对颜色的宽容量进行了细致的研究，在 CIE 色度图中，不同位置、不同方向上的颜色的宽容量是不同的。①莱特和彼特选取波长不同的颜色来研究视觉对不同波长的颜色的辨别能力。通过实验得出，人眼的视觉对光谱不同波长的颜色的感受性存在差别，在波长为 490nm 和 600nm 附近视觉的辨色能力最高，只要波长改变 1nm，人眼便能够感觉出来；而在 430nm 和 650nm 附近视觉的辨色能力很低，波长要改变 5～6nm 时人眼才能感觉出颜色的差别。人眼对红色和蓝色的宽容量较小，而对绿色的宽容量较大，如图 3-41 所示。②麦克亚当对 25 种颜色进行宽容量实验，在每个色光点大约沿 5 到 9 个对侧方向上测量颜色的匹配范围，得到的是一些面积大小各异、长短轴不等的椭圆，称为麦克亚当椭圆，如图 3-42 所示。不同位置的麦克亚当椭圆面积相差很大，靠近 520nm 处的椭圆面积大约是 400nm 处椭圆面积的 20 倍，这表明人眼对蓝紫光区域颜色变化相当敏感，而对饱和度较高的黄、绿、青部分的颜色变化不太敏感。在色度图的相同面积内，蓝色区域有较多的颜色，而绿色区域却少很多，即人眼能分辨出更多的蓝色。

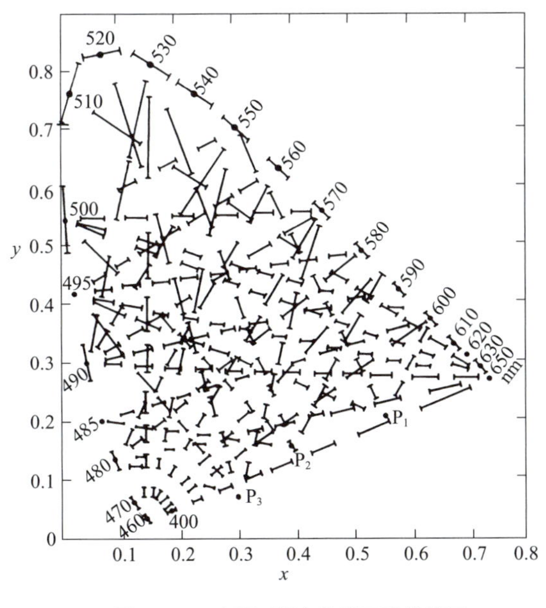

图 3-41　人眼对颜色的恰可分辨范围

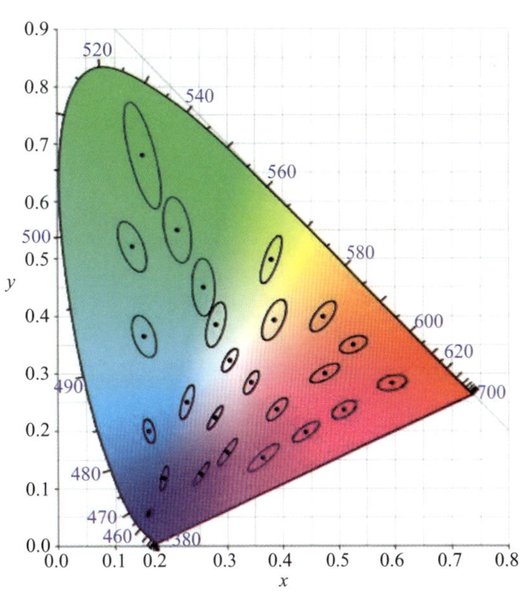

图 3-42　麦克亚当椭圆

在 *XYZ* 坐标系中，宽容量的不均匀性给颜色的计量和匹配复制造成不便。经过几十年的研究和改进，科学家们不断寻找更加均匀的颜色空间，采用数学的方法对各颜色空间的坐标进行相互变换，每一个新的颜色空间的三个坐标都是由原来的 *XYZ* 三刺激值换算得出的，不改变其本身的物理意义。

十一、CIE 1976 $L^*a^*b^*$ 均匀颜色空间

1976 年，CIE 确立了两个新的颜色空间及其相关的色差公式，分别是 CIE 1976 $L^*a^*b^*$ 均匀色空间和 CIE 1976 $L^*u^*v^*$ 均匀色空间。CIE 1976 $L^*a^*b^*$ 色空间适用于印刷、染料、颜料等相关行业，CIE 1976 $L^*u^*v^*$ 色空间适用于光源、彩色电视等相关行业。所谓均匀色空间是指颜色的空间感觉更均匀，不同颜色的差别更容易评估的颜色空间，并允许使用数字量 ΔE 表示两种颜色之差。是目前国际通用的颜色测量和评价标准。

1. CIE $L^*a^*b^*$

CIE $L^*a^*b^*$ 色空间是具有良好平衡结构的三维立体形态的色空间，如图 3-43 所示。自然界中的颜色不可能既是红又是绿，也不能既是黄又是蓝，基于这种常识（赫林的四色学说），在 $L^*a^*b^*$ 色空间的水平剖面上，用红、绿、黄、蓝四色分别表示平面直角坐标系上的四个极点。

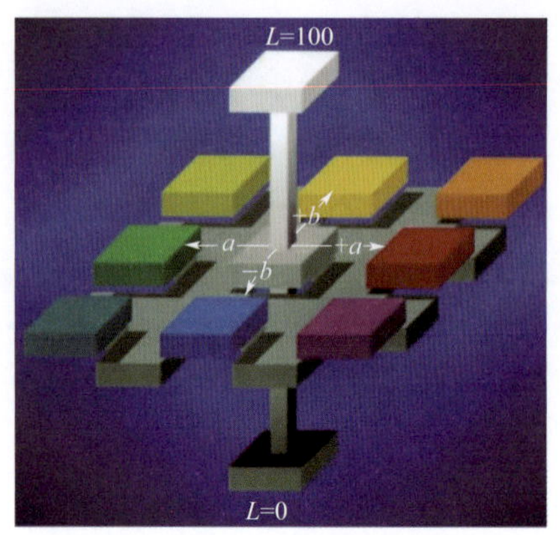

图 3-43　CIE 色空间示意图

L^* 轴是纵向的明度坐标轴，L^* 轴上分布的都是无彩色，顶端为明度值 100 的白色，底端为明度值 0 的黑色，中间是一系列自下而上越来越亮的灰色。

a^* 轴和 b^* 轴是色度坐标轴。其中 a^* 轴是红绿轴（$+a^*$ 代表红色、$-a^*$ 代表绿色），b^* 轴是黄蓝轴（$+b^*$ 代表黄色、$-b^*$ 代表蓝色）。a^* 轴和 b^* 轴把平面直角坐标系分为四个象限，第一象限内是介于红、黄之间的颜色，第二象限内是介于黄、绿之间的颜色，第三象限内是介于绿、蓝之间的颜色，第四象限内是介于蓝、红之间的颜色。

任意一个颜色都可以在 CIE $L^*a^*b^*$ 色空间中进行定位和表示。色相由色度坐标 a^* 和 b^* 的数值来决定，明度由明度坐标 L^* 的数值来决定，饱和度由该颜色所处的空间位置与 L^* 轴的距离来决定。例如，某颜色的坐标数据为 $L^*=75$、$a^*=50$、$b^*=70$，这组数据表明：① $L^*=75$ 说明该色的明度较高；② a^* 和 b^* 都是正数，说明该色位于第一象限，介于红色和黄色之间，由于 $a^*<b^*$，说明色相偏向于比例大的黄色；③ a^* 和 b^* 相对较大，说明该色距离 L^* 轴较远，饱和度较高。综上所述，该颜色是一个比较明亮鲜纯的橙色。如果颜色 M 是非彩色，只有 L^* 的明度值，a^* 和 b^* 均为 0。

练一练

分析 $L^*a^*b^*$ 坐标数据，将各颜色的色相、明度、饱和度填入表格 3-10 中。

二维码3-4

表 3-10　分析色样的坐标数据

坐标数据	色相	明度	饱和度
$L^*=75$、$a^*=50$、$b^*=70$	第一象限 偏黄的橙色	$L^*=75$ 高明度	高饱和度
$L^*=50$、$a^*=-90$、$b^*=30$			
$L^*=25$、$a^*=-20$、$b^*=-60$			
$L^*=75$、$a^*=0$、$b^*=-15$			
$L^*=30$、$a^*=0$、$b^*=0$			

特别提醒：无彩色只有明度一个属性。

2. CIE $L^*a^*b^*$ 色差计算

实际生产时，经常需要比对和测量印刷品上的色样与标准色样是否存在差异。色差，就是用数字化的方式表示不同颜色给人的色彩感觉上的差别。若两个颜色样品 1 和 2 都按 L^*、a^*、b^* 标定颜色，则两者的总色差及单项色差可用公式计算：

明度差 $\Delta L^*=L_1^*-L_2^*$

色度差 $\Delta a^*=a_1^*-a_2^*$，$\Delta b^*=b_1^*-b_2^*$

总色差 $\Delta E_{ab}^*=\sqrt{(L_1^*-L_2^*)^2+(a_1^*-a_2^*)^2+(b_1^*-b_2^*)^2}$

计算色差时，可以把其中的任意一色作为标准色，则另一个就是样品色。当计算结果出现正、负值时，其意义如下：① $\Delta L^*=L_1^*-L_2^*>0$，表示样品色比标准色浅，明度高；$\Delta L^*<0$，说明样品色比标准色深，明度低；② $\Delta a^*=a_1^*-a_2^*>0$，表示样品色比标准色偏红；$\Delta a^*<0$，说明样品色比标准色偏绿；③ $\Delta b^*=b_1^*-b_2^*>0$，表示样品色比标准色偏黄；$\Delta b^*<0$，说明样品色比标准色偏蓝。

色差的单位为 NBS（美国国家标准局的缩写）。1 个 NBS 单位大约相当于视觉色差识别阈值的 5 倍。如果与孟塞尔系统中相邻两级的色差值比较，则 1 个 NBS 单位约等于 0.1 孟塞尔明度值、0.15 孟塞尔彩度值、2.5 孟塞尔色相值；孟塞尔系统相邻两个色差的差别约为 10NBS 单位。

表 3-11　色差大小与视觉感受

单位色差值	感觉色差程度	单位色差值	感觉色差程度
0.0 ～ 0.5	微小色差，感觉极微	3.0 ～ 6.0	较大色差，感觉很明显
0.5 ～ 1.5	小色差，感觉轻微	6.0 ～ 12.0	大色差，感觉强烈
1.5 ～ 3.0	较小色差，感觉明显	12.0 以上	极大色差，明显不同

两个颜色之间ΔE^*_{ab}=0，说明这两个颜色完全一致；ΔE^*_{ab}=1 时，说明这两个颜色之间存在差异，但大多数人看不出区别；当ΔE^*_{ab}的值不断增大，说明颜色间的差别越来越大。表 3-11 反映出色差值跟视觉感受上的关系。在色彩复制质量要求上，由国家标准局颁布的装潢印刷品 GB/T 7705—2008（平印）、GB/T 7706—2008（凸印）、GB/T 7707—2008（凹印）的国家标准中，对彩色装潢印刷品的同批同色色差规定为：一般产品$\Delta E^*_{ab} \leqslant 5.00 \sim 6.00$，精细产品$\Delta E^*_{ab} \leqslant 4.00 \sim 5.00$。同时还将这一质量标准作为国有企业晋升的一项条件。

练一练

二维码3-5

计算四个颜色与标准色的 $L^*a^*b^*$ 色差，填入表 3-12 中。与标准色对比，色差最小的是（　　），色差最大的是（　　）。

表 3-12　计算色样的差值

色样	坐标数据	明度差	色度差	总色差
标准色	L^*=85、a^*=15、b^*=−65	—	—	—
颜色 1	L^*=86、a^*=18、b^*=−64	ΔL^*=	Δa^*= Δb^*=	ΔE^*_{ab}=
颜色 2	L^*=84、a^*=16、b^*=−66	ΔL^*=	Δa^*= Δb^*=	ΔE^*_{ab}=
颜色 3	L^*=87、a^*=17、b^*=−68	ΔL^*=	Δa^*= Δb^*=	ΔE^*_{ab}=
颜色 4	L^*=83、a^*=14、b^*=−67	ΔL^*=	Δa^*= Δb^*=	ΔE^*_{ab}=

3. $L^*H^*C^*$ 极坐标空间

观察 CIE 1976 $L^*a^*b^*$ 的平面色度图，发现色度区域的轮廓并不是轴对称，并且用 a^* 值和 b^* 值的比例表示色相也难以掌握。所以将 $L^*a^*b^*$ 均匀色空间转化为极坐标空间 $L^*H^*C^*$，这样就能更直观地表示颜色。

极坐标空间 $L^*H^*C^*$ 是规则的球形空间，如图 3-44 所示。L^* 仍为明度轴；a^* 仍为红绿轴，b^* 仍为黄蓝轴。任一色样与明度轴的距离代表颜色的饱和度，用 C^* 表示，离 L^* 轴越远，颜色的饱和度越大，最大值为 100，代表最鲜艳的光谱色，离 L^* 轴越近，颜色的饱和度越小，L^* 轴上的颜色饱和度为 0，代表无彩色。在极坐标的赤道线上分布有各种色相，以明度 L^* 轴为轴心，任一色样与 $+a^*$ 轴的逆时针夹角为该色的色相角，用 H^* 表示，0° /360°色相角是红色，90°色相角是黄色，180°色相角是绿色，270°色相角是蓝色。

明度值　$L^*_{ab} = L^*$

彩度值　$C^*_{ab} = \left[(a^*)^2 + (b^*)^2\right]^{\frac{1}{2}}$

色相角　$H^*_{ab} = \arctan\left(\dfrac{a^*}{b^*}\right)(\text{弧度}) = \dfrac{180}{\pi}\arctan\left(\dfrac{a^*}{b^*}\right)(\text{度})$

饱和度差$\Delta C^*=C^*_1-C^*_2$，正值表示样品色比标准色的饱和度高，含非彩色成分少；负值表示样品色比标准色的饱和度低，含非彩色成分多。

色相角差$\Delta H^*=H^*_1-H^*_2$，正值表示样品色位于标准色的逆时针方向上；负值表示样品色位于标准色的顺时针方向上。根据标准色所处的位置，就可以判断样品色是偏绿还是偏黄。

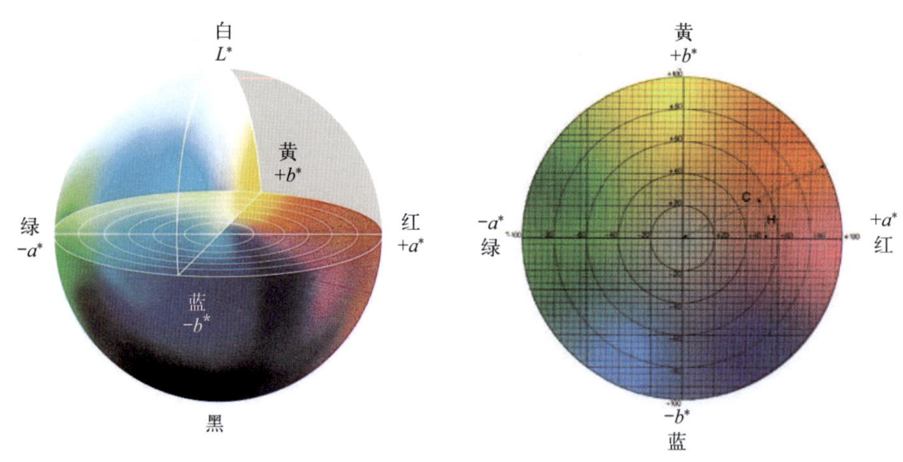

图 3-44　$L^*H^*C^*$ 极坐标空间

练一练

在 $L^*H^*C^*$ 极坐标中，标准色的明度值为 85、彩度值为 70、色相角为 90°。请描述一下该颜色：(　　　　　　　　　　)。

任务六* 颜色空间

人眼能识别的自然景象或图像是一种模拟信号，为了使计算机能够记录和处理图像、图形，必须首先使其数字化。随着数字化工艺水平的不断发展，目前计算机技术正深入印刷生产的各个工序。特别是在印前的扫描、输入、设计阶段，几乎完全依赖于计算机的操作和控制。所以了解色彩在计算机中表达和显示的方式是非常重要的。计算机是基于一些特定规律的数字式颜色空间模型来描述、显示和重现色彩的。建立在不同色空间基础上的色彩表示方式称为颜色模式。如图 3-45 所示，常用的颜色模式有 RGB 颜色模式、CMYK 颜色模式、HSB 颜色模式和 Lab 颜色模式等。

一、RGB 颜色空间

RGB 颜色空间是显示器、扫描仪和数字相机等彩色设备使用的颜色空间，如图 3-46 所示，是基于色光加色混合原理的。对于显示器来说，RGB 分别代表显示器红、绿、蓝三种荧光粉的颜色；对于扫描仪来说，RGB 代表扫描仪中红、绿、蓝三种滤色片和光电转换器接收的颜色。这类设备产生的各种颜色都是由这三个基本颜色混合而成的，但各种设备所使用的红、绿、蓝三原色没有统一标准，所以形成的 RGB 颜色空间范围并不完全相同，是一个与设备相关的颜色空间。

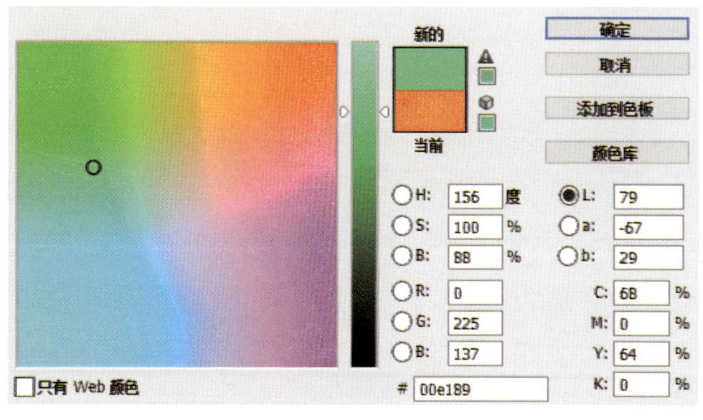

图 3-45　软件中常用的颜色模式

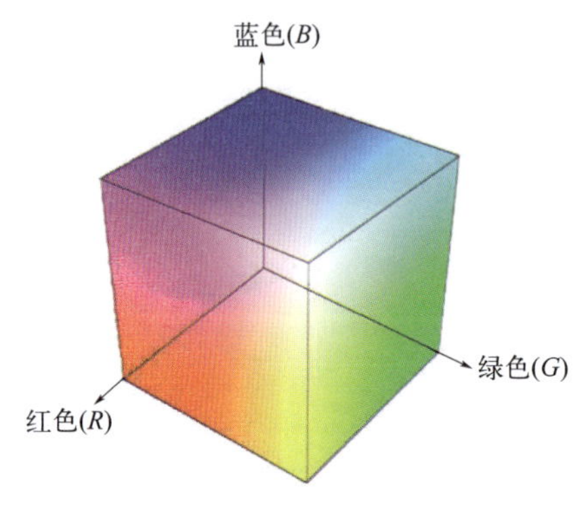

图 3-46　RGB 颜色空间

红 *R*、绿 *G*、蓝 *B* 每个值都可用数字量 0～255 表示，代表三原色的亮度。0 表示无光，颜色最暗；255 表示最大亮度，颜色最亮；三种原色在 0～255 之间的数值进行混合，得到丰富多彩的颜色，如表 3-13 所示。

表 3-13　常见颜色的 RGB 表色法取值

色相	*R*取值	*G*取值	*B*取值	色相	*R*取值	*G*取值	*B*取值
红色	255	0	0	黄色	255	255	0
绿色	0	255	0	品红色	255	0	255
蓝色	0	0	255	青色	0	255	255
黑色	0	0	0	50% 灰色	127	127	127
白色	255	255	255	80% 灰色	51	51	51

二、CMYK 颜色空间

CMYK 颜色空间是印刷、打印和其他输出方式使用的颜色空间，是基于色料减色混合原理的，如图 3-47 所示。任何能用色料混合获得的颜色都可以用黄、品红、青、黑四种基本色料混合而成，但不同的颜料、染料、油墨等材料的呈色效果存在差异，所以形成的 CMYK 颜色空间范围并不一致，是一个与设备相关的颜色空间。

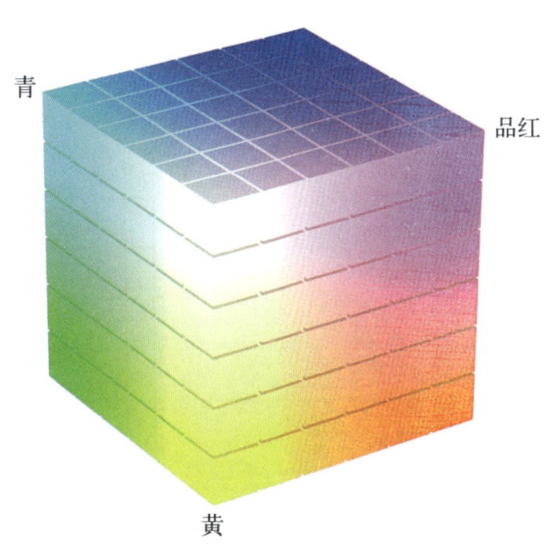

图 3-47　CMYK 颜色空间

青 *C*、品红 *M*、黄 *Y*、黑 *K* 每个值的取值范围在 0%～100% 之间，代表四个颜色的浓度状态。0% 表示完全没有该颜色，100% 代表该颜色的最大浓度。较亮（高光）颜色分配较低的油墨颜色百分比，较暗（暗调）颜色分配较高的油墨百分比。表 3-14 为常见颜色 CMYK 的取值。

表 3-14　常见颜色的 CMYK 表色法取值

色相	*C*值	*M*值	*Y*值	*K*值	色相	*C*值	*M*值	*Y*值	*K*值
红色	0	100	100	0	青色	100	0	0	0
绿色	100	0	100	0	品红色	0	100	0	0
蓝色	100	100	0	0	黄色	0	0	100	0
白色	0	0	0	0	50% 灰色	0	0	0	50
单色黑	0	0	0	100	复色黑	100	100	100	100

三、HSB 颜色空间

二维码 3-6

HSB 颜色空间是基于人对颜色的视知觉特点，用颜色的色相 *H*、饱和度 *S*、亮度 *B* 三属性来量化表达的，是最接近人类大脑对色彩辨认思考的模式。

HSB 颜色空间是一个极坐标三维空间，如图 3-48 所示。①色相 *H* 沿着圆周方向变化，以角度表示，称为色相角，取值范围在 0°～360°之间，其中，红色为 0°/360°、黄色为 60°、绿色为 120°、青色为 180°、蓝色为 240°、品红色为 300°。②饱和度 *S* 为横向变化分量，从中心轴逐渐向边缘递增，以百分数表示，取值范围在 0～100% 之间。圆周边缘处的饱和度为最大值 100%，代表最鲜艳的颜色；离中心轴越近，代表该色的非彩色成分越多、饱和度越小。③亮度 *B* 为纵向变化分量，以百分数表示，取值范围在 0～100% 之间。底部是亮度为 0 的黑色，顶部是亮度为 100% 的白色。

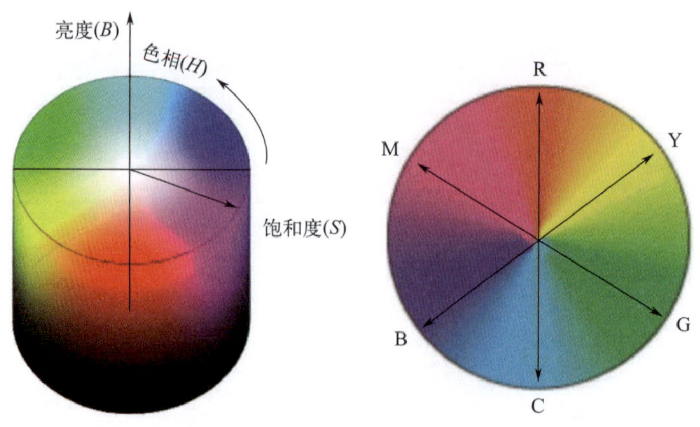

图 3-48　CMYK 颜色空间

黑白灰系列的颜色只有亮度（明度）一个属性，没有色相、饱和度。回顾模块一“色彩的属性”，表 3-15 为常见颜色的 HSB 表色法取值。

表 3-15　常见颜色的 HSB 表色法取值

色相	H值	S值	B值	色相	H值	S值	B值
红色	0° /360°	100%	100%	黄色	60°	100%	100%
绿色	120°	100%	100%	品红色	300°	100%	100%
蓝色	240°	100%	100%	青色	180°	100%	100%
黑色	—	—	0	50% 灰色	—	—	50%
白色	—	—	100%	80% 灰色	—	—	20%

四、Lab 颜色空间

Lab 颜色空间是基于 CIE 1976 $L^*a^*b^*$ 均匀颜色空间建立的表色方式。由一个明度因数 L 和两个色度因数 a、b 表示，其中 L 的取值范围是 0 ～ 100，数值越大，颜色的明度值越大；a 表示颜色的红绿反映，b 表示颜色的黄蓝反映，取值范围在 −128 ～ 127，a 值越大，说明颜色越红，a 值越小，说明颜色越偏绿色，b 值越大，说明颜色越黄，b 值越小，说明颜色越偏蓝色。

Lab 色空间所定义的色彩总量最多，包括人眼可以感知的所有色彩。涵盖了各种显示、扫描、打印、输出设备所能表现的颜色。当不同设备进行颜色数据交换时，Lab 色空间起到桥梁的作用，产生与各种设备相匹配的颜色，使颜色数据的转换有据可依，因此，把 Lab 色空间称为“与设备无关的色空间”，它是不同设备、不同颜色模式之间转换所使用的中间颜色模式。表 3-16 为常见颜色的 Lab 表色法取值。

表 3-16　常见颜色的 Lab 表色法取值

色相	L值	a值	b值	色相	L值	a值	b值
红色	54	81	70	黄色	58	−41	−54
绿色	88	−79	81	品红色	49	82	−4
蓝色	30	68	−112	青色	94	−8	105
黑色	0	0	0	50% 灰色	50	0	0
白色	100	0	0	80% 灰色	20	0	0

五、色域

色域，是各种颜色系统所包含的可以显示或打印的颜色范围。人眼看到的色域比任何颜色模型中的色域都宽。Lab 色空间具有与人眼视力相当的、最宽的色域，包含了 RGB 色空间和 CMYK 色空间的所有颜色。RGB 色空间是最佳的屏幕显示模式，包含计算机显示器、电视屏幕、数码相机等能够显示的颜色。CMYK 色空间是最佳的打印输出模式，包含打印机、印刷油墨等能够表现的颜色。相比较而言，Lab 色域 >RGB 色域 >CMYK 色域，如图 3-49 所示。

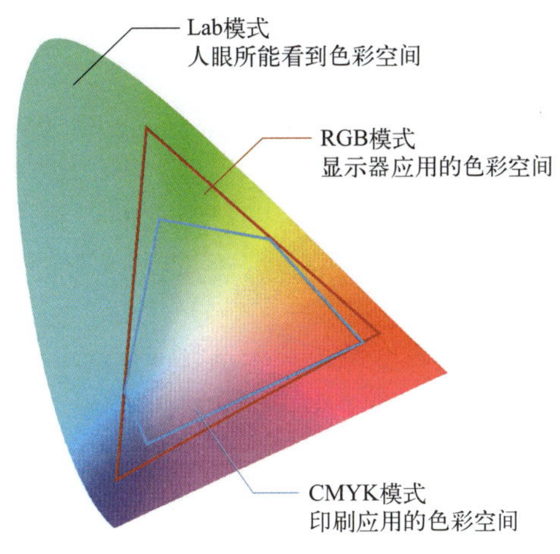

图 3-49　色域比较图

由于 Lab 色域大于 RGB 色域，所以有些颜色在自然界存在、人眼可以感知，却无法在计算机屏幕上显示，如纯正的绿色和青色。由于 RGB 色域大于 CMYK 色域，所以有些颜色在计算机屏幕上可以显示，却无法通过打印或印刷等方式表现，如高饱和度的颜色。在印刷版面设计中，当不能打印的颜色显示在屏幕上时，称为溢色，即该色超出 CMYK 色域，无法打印输出。比如，在 Photoshop 中，拾色器和颜色调板都会出现一个警告三角形，如图 3-50 所示，并显示最接近的可替换色样。

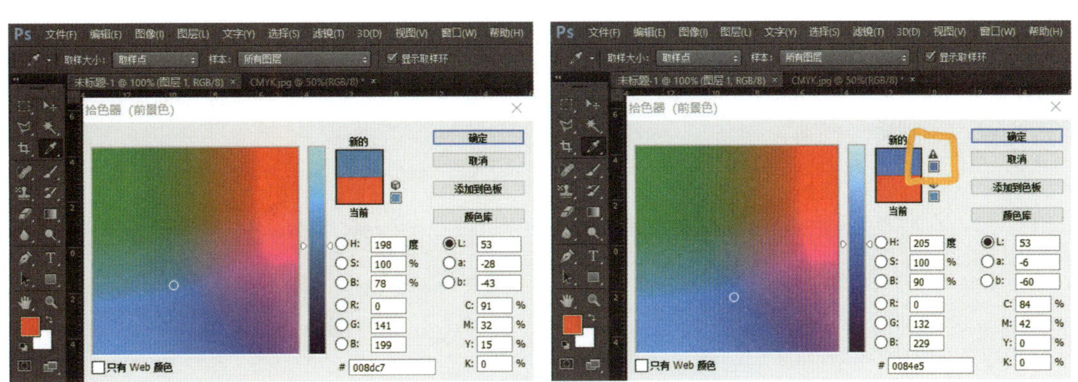

图 3-50　色域内和超色域在软件中的应用

印前设计与图像处理经常需要在各色域之间进行颜色转换，如图 3-51 为不同仪器设备的色域图。如扫描仪或数码相机获得的图像原稿是 RGB 模式的，必须转换为可印刷的 CMYK 模式；客户提供的设计稿件如果是 RGB 模式的，必须在印刷制版输出之前转换为 CMYK 模式；设计文件是 CMYK 模式的，

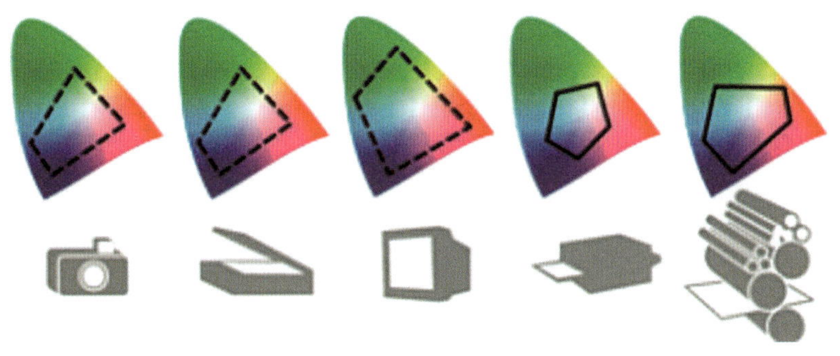

图 3-51　不同色域在设备中应用情况

然而在计算机显示的过程中，计算机内部需要不停地转换成 RGB 以供显示器显示……由于色域范围存在差距，图像转换模式后，颜色质量会有所损失，且每一次转换都是不可逆的，应该尽量避免在 RGB 和 CMYK 模式之间反复多次转换。

任务七* 其他表色系统

一、美国光学学会（OSA）匀色系统

1977 年美国光学学会 (OSA) 均匀颜色标定委员会制定了一套均色标以配合学会制定的匀色空间（UCS），这个颜色系统采用正棱面体晶格点阵的结构来描述颜色空间，它共有 558 种颜色，按红 - 绿、黄 - 蓝以及明度的变化规则地排列，每个颜色样品和其最相邻的 12 种颜色样品有相同的单位距离，即相同色差。其中 424 种颜色组成一套，这套色卡称为美国光学学会匀色标（OSA-UCS）。

OSA 匀色标色卡分 2cm×2cm、6cm×8cm、4cm×6cm、2cm×6cm 和 3cm×4cm 这 5 种规格。这套匀色空间颜色卡片具有能够长期保存、色彩均匀、测定的数字准确等优点，与孟塞尔色彩图能定量地联系起来。

OSA 匀色颜色标尺系统是一个三维空间，如图 3-52 所示，三个维度分别是黄 - 蓝坐标（*j*），红 - 绿坐标（*g*）及明度坐标（*L*）。

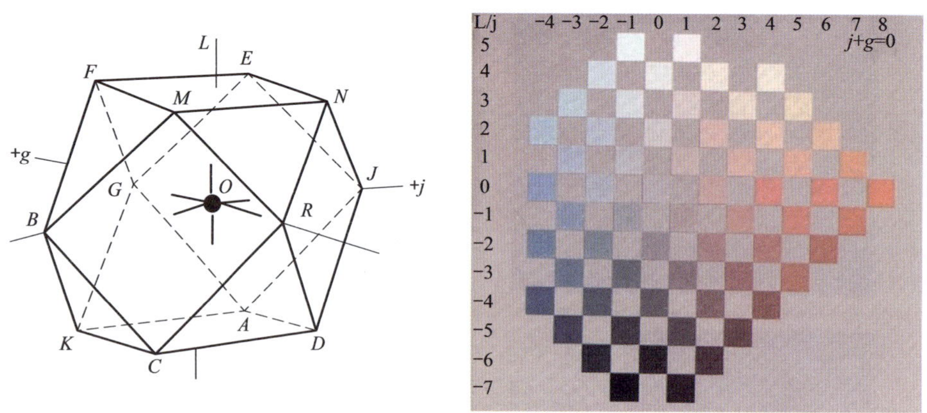

图 3-52　OSA 三维空间和剖面图

OSA-UCS 系统标注：(*L*，*j*，*g*)。

其中：*L* 表示明度值（−7 ～ +5）；

j 表示颜色的黄 - 蓝度（−6 ～ +11），对于偏黄的颜色 *j* 为正值，对于偏蓝的颜色 *j* 为负值；

g 表示颜色的绿 - 红度（−10 ～ +6），对于偏绿的颜色 *g* 为正值，对于偏红的颜色 *g* 为负值。

美国的 OSA 匀色标是目前最均匀的匀色空间，在艺术和设计领域有较高的价值。

二、日本实用颜色坐标系统

日本颜色研究所吸收孟塞尔系统和奥斯特瓦尔德系统的优点，将色彩的明度和纯度两个属性整合为一个综合概念，并考虑实际配色的方便，于 1966 年发表了日本色研体系，称为实用颜色坐标系统，即 PCCS，如图 3-53 所示。

1. PCCS 色调

PCCS 色相基于心理四原色（红、黄、绿、蓝），进一步细分为二十四种，包含色料三原色（黄、品红、青）和色光三原色（红、绿、蓝）等。

图 3-53　PCCS 颜色立体

PCCS 明度由白（相当于孟塞尔标注 N 9.5）到黑（相当于孟塞尔标注 N 1.0）共分为九段。

PCCS 彩度：在纯色和无彩色之间按等间隔分度，用字母 *s* 表示，1*s* ～ 3*s* 为低彩度区，4*s* ～ 6*s* 为中彩度区，7*s* ～ 9*s* 为高彩度区。

PCCS 影调：表示颜色的明暗和强弱（即同时考虑颜色的明度和彩度）。

PCCS 颜色标注：由色调、明度、彩度的数字代号构成，顺序为色调 - 明度 - 彩度。

如 8Y-8.0-85，表示：色调为 8 的黄色，明度等级 8.0，彩度等级 85。

2. 色彩大全 5000

色彩大全 5000 是日本颜色研究所建立的一种颜色样品系统。该系统含有 5000 种带光泽的色样（1.1cm×2.2cm），它以孟塞尔系统为基础，包括了所有孟塞尔系统的色样，但样品间隔分得更细。

彩度：按 1，2，3… 14 划分；

明度：按 1，1.5，2，2.5… 9.5 划分；

色调：色彩大全 5000 在孟塞尔系统的 40 种色调基础上又增加了 1.25R、6.25R、1.25YR、3.75YR、8.75YR、6.25Y、3.75PR、6.25PR 等 8 种色调，在 48 种色调组成的色调环上近似实现了互补色对，这对于设计工作很重要。

模块四　色彩再现

【大国工匠】文化传承、文化自信

在文化自信自强中传承中华优秀传统文化。中华优秀传统文化是中华民族的突出优势，是中华民族自强不息、团结奋进的重要精神支撑，是我们深厚的文化软实力。博大精深的中华优秀传统文化是我们在世界文化激荡中站稳脚跟的根基。中华文化积淀着中华民族最深沉的精神追求，包含着中华民族最根本的精神基因，代表着中华民族独特的精神标识，是中华民族生生不息、发展壮大的丰厚滋养。

在中华文明灿烂的长卷中，唐诗宋词是其中最为绚丽的华章，唐诗宋词中蕴含着丰富的知识，有人文地理、有美景如画、有家国情怀、有色彩斑斓……

《江畔独步寻花 · 其五》
唐代诗人　杜甫
黄师塔前江水东，春光懒困倚微风。
桃花一簇开无主，可爱深红爱浅红？

《暮江吟》
唐代诗人　白居易
一道残阳铺水中，半江瑟瑟半江红。
可怜九月初三夜，露似真珠月似弓。

学习目标

知识目标

- 了解原稿的分类及特点；
- 掌握印刷色彩复制的原理及过程；
- 理解分色原理及分色工艺；
- 了解图像色彩处理的目的；
- 理解网点与色彩阶调的关系；
- 掌握调幅 AM 网点和调配 FM 网点的特点，了解其他加网方式；
- 理解安排印刷色序的意义，熟悉并列网点与叠合网点的呈色原理。

能力目标

- 具有能描述印刷颜色的形成过程的能力；
- 具有会使用软件对原稿进行分色，并能识别分色印版和样张的能力；
- 具有正确选择分色工艺，并合理设定分色参数的能力。

任务一 原稿

趣味一测

如图 4-1 所示，某啤酒公司希望设计印制一批产品包装，用于新酒的市场推广。请你帮他策划一下。需要什么素材？印制什么产品？投放于什么场所？

图 4-1 啤酒外包装

印刷品生产的工艺流程通常分为印前、印中、印后三个阶段。而从色彩学的角度分析，就常见的四色印刷工艺而言，可划分为色彩分解、色彩传递、色彩合成三个过程。印前处理阶段主要完成色彩分解；印刷生产阶段主要完成色彩合成。欲获得真正意义上的印刷品，则需要色彩传递发挥作用，保证整个印刷生产工艺流程顺利开展。

回顾所学知识，从设计原稿封面到批量印刷产品，如图 4-2 所示，中间需要经过哪些环节？

(a) 书籍封面的展开图和成品效果图

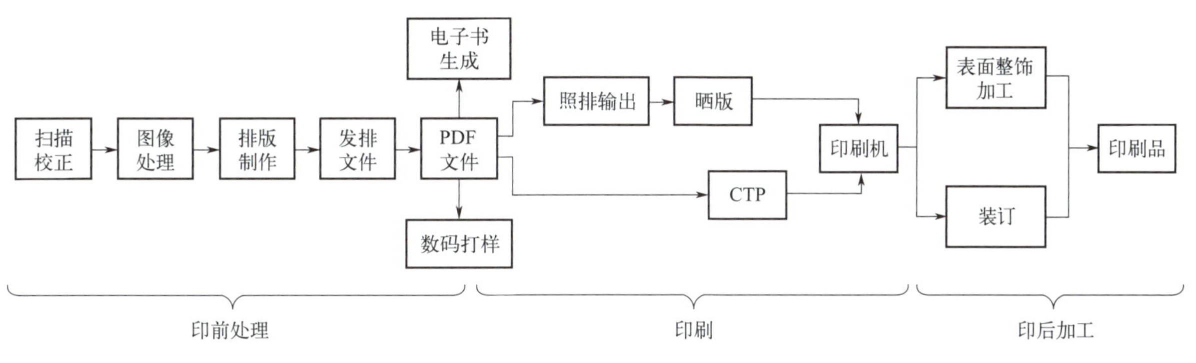

(b) 原稿到印刷品生产流程图

图 4-2 包装产品生产工艺

原稿是印刷制作生产所必需的文字和图像信息的原始资料，是出版和印刷的依据。对于传统印刷而言，印刷生产需要具备五大要素，分别为原稿、印版、油墨、承印物、印刷机械，原稿位于五要素之首，原稿质量的好坏，直接影响印刷成品的质量。

一、反射原稿

反射原稿是以不透明材料为图文信息载体的原稿，反射原稿主要包括：线条图案画稿、黑白或彩色照片、绘画作品、彩色印刷品等。

1. 线条原稿

线条原稿是黑白或彩色线条画，是由图案实地、文字、美术字等组成的原稿。线条原稿其色彩深浅变化有明显的界线，不能描述细节过渡，如工程图、图表、漫画、钢笔画、地图等，制版时要求此类原稿图线清晰、黑白分明，彩色线条原稿要求色彩有足够的浓度。

2. 黑白或彩色照片

照片是将感光乳剂涂层纸放在底片下曝光、显影而成的人或物的正像图片，如图 4-3 所示。常见的胶片都为负片，经过拷贝或放大得到正片。照片具有明暗对比强烈、色彩真实鲜艳的特点；同时，彩色照片的密度范围与印刷品较接近，阶调层次再现较容易，是最常用的反射原稿。

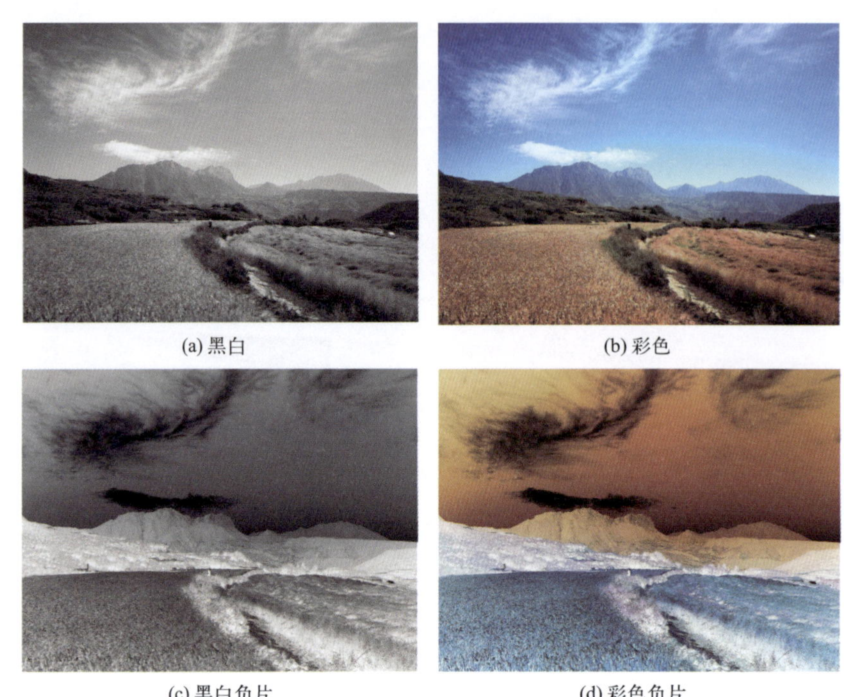

(a) 黑白　(b) 彩色

(c) 黑白负片　(d) 彩色负片

图 4-3　黑白彩色图片及负片

彩色照片是利用负片放大而成的，阶调范围较小，亮调较灰平，暗中调容易并级。在复制过程中，彩色照片可以利用补色滤色片予以校正，根据图片色调的实际情况，充分考虑，正确判断，加以纠正。

3. 绘画作品

绘画作品根据选用的材料、工具、技法的不同，通常分为中国画、版画、油画、素描、水粉画、水彩画等类型，如图 4-4。

图 4-4　不同类型绘画作品

不同类型绘画作品选用的材料和手法各不相同，表现出作品的色调风格各有不同。中国画讲究笔墨神韵，运用不同的墨色和线条来表现轮廓、质感和意境。近几年，中国元素受到众多平面设计者的青睐，中国风、中国元素被用于各种包装装潢印刷产品中。

4. 印刷品

印刷品又称半色调原稿，通过网点信息来表现阶调层次的变化。印刷品具有阶调层次较平淡、反差小的特点。一般情况下，尽量不使用印刷品作原稿，许多印刷品本身就存在肉眼不易察觉的玫瑰斑和龟纹，再经复制加网，两种网纹相交会产生难看的龟纹，大大影响印品的质量。

客户如果只能将印刷品作为原稿，在复制中可以选用专业扫描仪去除网点信息，从而降低龟纹对新印刷品的影响。

二、透射原稿

透射原稿是以透明材料作为图文信息载体的原稿。一般分为正片、负片和反转片三类。

彩色透射原稿有正片与负片之分（如图 4-5），彩色正片是被摄物体的正像，色彩与被摄物体相同，彩色正片的感光层是涂布在透明片基上的，所以影像用透射光观察。彩色正片的图像色彩鲜艳，层次丰富，清晰度好，一般用于拷贝电影胶片。彩色负片与彩色正片恰好相反，其图像是被摄物体的反像，与被摄物体的色彩互为补色，因与实物颜色相反，在印刷生产制版中不易判断质量。所以，上述两种都较少直接用于印刷复制的原稿。

图 4-5　原稿、CMYK 模式的彩色图片及彩色负片图片

反转片是将胶片上初步显影的负像进行二次曝光，获得与实物相同的正像。反转片可以真实地反映底片上的图像信息，是最常用的一种彩色透射稿。反转片具有阶调层次丰富、颜色鲜艳、颗粒细腻、饱和度较高、对比度较高的特点。该类原稿适用于需要高倍放大影像的大幅面广告、高清画册、挂历等印刷品。反转片有高质量的正像效果，所以被大量用于印刷制版或作幻灯片、拍摄专业广告照片等，如图 4-6 所示。

图 4-6　反转片负冲色调

三、数字式原稿

数字式原稿是以数字形式存储于光盘、各种移动存储设备和网络终端中的图文信息资料。该原稿具有色彩鲜艳、阶调层次丰富、便于保存传输、省时省力的特点。与此同时，可直接将原稿信息传输到计算机中通过数字化流程完成后续的处理和输出。

四、实物原稿

实物原稿以实物作为制版依据，指位于三维空间中立体的原稿。如文物画稿、壁画、绣品、织物、花草、树叶、陶瓷、金属、石材等。实物原稿主要通过数码相机拍摄或扫描仪设备识别转化成数字化信息，应用于图像拷贝和制版。随着全息影像等技术的发展，实物原稿会越来越多，扫描仪可以满足需求，直接扫描各类实物原稿，例如大幅面平台式扫描仪、三维扫描仪。

练一练

分析图 4-7 中原稿的类型，将满足条件的原稿序号填入表 4-1 中。

①黑白照片　②彩色照片　③一个鼠标　④手机截图

⑤软件设计图　⑥一本台历　⑦磨砂玻璃　⑧一份手抄报

图 4-7　各种类型原稿

表 4-1　原稿类型选择

属于实物原稿的序号	属于反射原稿的序号
属于数字式原稿的序号	**属于透射原稿的序号**

任务二　色彩分解

趣味一测

小王今年毕业参加工作，在某印刷厂印前制版岗位输出了一套分色胶片，如图 4-8 所示。可是小王犯难了，上面都是不同灰色的图文信息，这应该怎样辨别颜色呢？

色彩分解，指的是根据减色法混合原理，将彩色原稿上的各种色彩分解成青（C）、品红（M）、黄（Y）、黑（K）四种颜色的过程。主要用于扫描、制版等的分色。

图 4-8　原稿、胶片上图像分色信息

一、分色原理

色彩的分解利用滤色片对原稿反射或透射的色光选择性地透过或吸收的方式进行，滤色片具有透过本色光，过滤其他色光的特性。红、绿、蓝三原色片利用滤色片分解转换为黄、品红、青的分色版。下面以蓝色滤色片为例，在照相制版的过程中，选择蓝色滤色片对彩色原稿进行分色，由于蓝色滤色片只能通过蓝色光谱，使得感光材料对应部位曝光，形成高密度区域；而绿色和红色光谱被选择性吸收，感光材料上对应部位不能曝光，则形成低密度区域。高密度区域见光变成了黑色影像，低密度区没曝光是透明的，这就是黄分色阴片。黄分色阴片经过拷贝处理，变成了与阴片图像相反的阳片，用该阳片晒版，就可以得到黄色印版。同理，用绿色滤色片分色可以得到品红分色阴片；用红色滤色片分色得到青分色阴片，如图 4-9 所示。

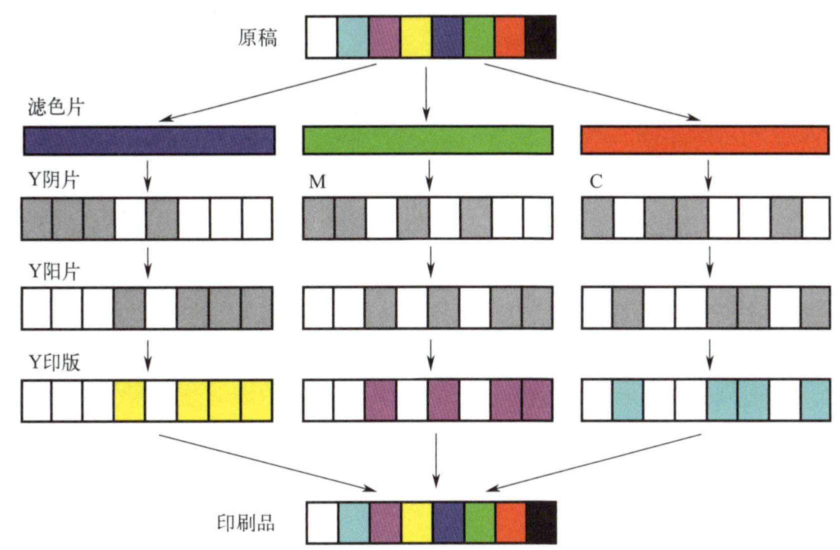

图 4-9　彩色印刷品分色示意图

印刷生产中利用分色阴片、阳片晒制成黄版、品红版、青版。印刷时，通过黄、品红、青机组逐次叠印，完成原稿图片的印刷。但是在实际生产中，油墨本身存在色相误差和杂质，与理想状态有一定的差距，不能获得真正意义上的黑色或灰色。为了满足印刷需求，在分色时需要增加黑版来解决饱和度不足、轮廓不清楚、反差不够等实际问题。

练一练

1. 请分析图 4-10 原稿中的橘色图案（C0M30Y80K0），在分色、制版及印刷过程中的色彩传递关系。
2. 分析图 4-11 原稿中的四色黑（C90M90Y90K90）与单色黑（C0M0Y0K100），在分色、制版及印刷过程中的色彩传递关系。

图 4-10　原稿图案

图 4-11　原稿图案

二、分色工艺发展过程

分色工艺经历照相制版工艺（硬件分色）、电子分色工艺（软硬件分色）、彩色桌面出版系统（软件分色）等不同历程。利用照相制版工艺制作阴图或阳图底片时，成本较低廉，工艺相对简单，但是该种工艺多用于单色线条稿和单色连续调原稿。电子分色工艺在照相制版的基础上，用电子方法对照相制版工艺过程进行模拟，将彩色原稿分解成网点阳图或网点阴图并输出底片，其多用于彩色连续调原稿。

随着彩色桌面出版系统的出现，客户可以直接在计算机的显示器上看到处理后的图像信息，不用等待模拟打样或印刷结果，对于印前设计人员而言，可随时将创意和设计融入其中，从而大大提高了生产效率。数字化工作流程可以控制和管理印前输入、印刷生产和印后等各环节，通过计算机来控制数据，使印刷生产更加高效、优质。

目前，主要通过扫描仪、数码相机等设备将模拟原稿输入计算机中，转化成数字式图像，从而完成分色任务。扫描仪和数码相机使用的都是 RGB 颜色模式，但是印刷生产使用 CMYK 颜色模式，所以在分色操作中需要将设计好的图像原稿利用印前处理软件进行色彩模式转换，由 RGB 模式转换成 CMYK 模式。图 4-12 为平台式扫描仪，图 4-13 为手持式扫描仪。

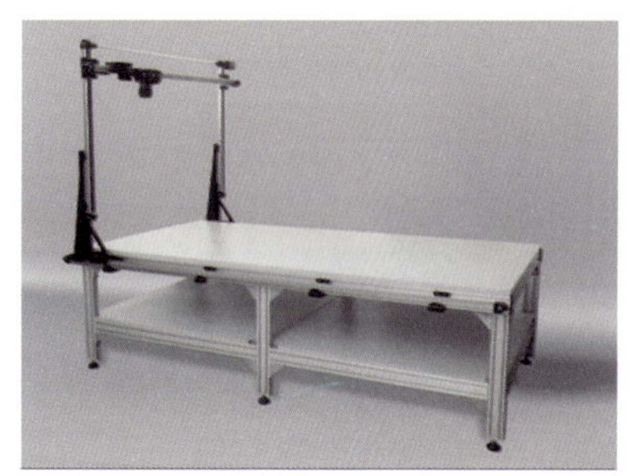

图 4-12　平台式扫描仪

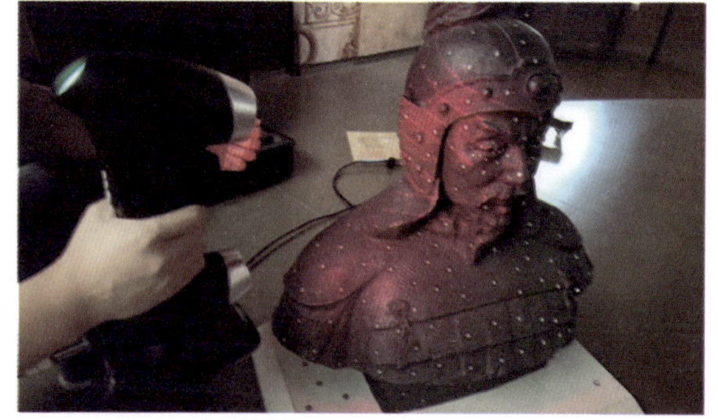

图 4-13　手持式扫描仪

三、数字化流程分色

数字化的生产控制信息将印前处理、印刷和印后加工三个过程整合成一个不可分割的系统，使数字化的图文完整、准确地传递，并最终加工制作成印刷成品。

下面以方正畅流数字化工作流程为例，介绍分色流程。方正畅流工作流程由北大方正公司推出，该系统采用国际标准的 PDF 作业作为流程内部格式，完成规范化处理、预飞检查、拼版折手、色彩管理、数码打样、胶片或印版输出、作业管理等过程，从而减少传统生产过程中的烦琐和人工错误，完善数据管理，确保达到最高的生产效率。

在方正畅流的数字化工作流程中分色过程如图 4-14 所示，主要由 PDF 挂网模块完成，该模块主要负责 PDF 原稿文件的分色和加网。根据印刷品质量要求，设置正确的网形、网角、网目、挂网层次等参数，向 PDF 挂网处理器提交文件，实现分色处理。

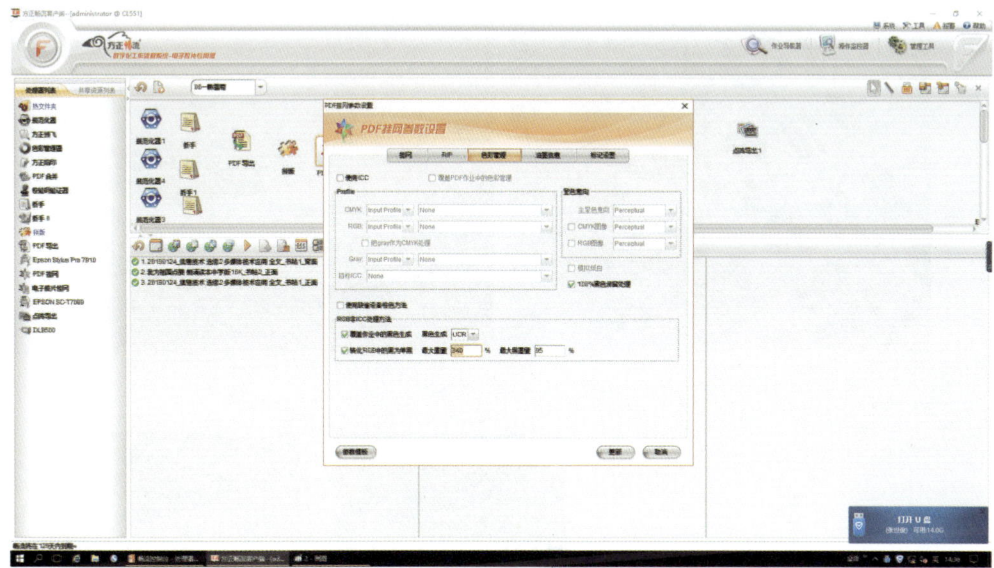

图 4-14　方正畅流的数字化工作流程

> **拓展**
>
> 方正畅流的系统化学习安排在“计算机直接制版”课程中，通过学习与训练，同学们可以亲身体验从设计原稿到四色印版的全过程。

任务三　色彩传递

分色处理后的原稿图像被转换为数字式图像，经印前处理人员设计和排版，用户可以通过软打样和远程打样查看版面，确认信息。但是，通过计算机处理和存储的数字式版面怎样才能转移到承印材料上，成为真正意义上的印刷品呢？此时，需要借助分色胶片和印版实现色彩的传递。

二维码 4-1

一、色彩传递的媒介

1. 分色胶片

分色胶片又称胶片或软片，是透明的银盐类感光胶片。

将原稿图像分色后的青、品红、黄、黑四种单色图文信息分别输出并记录在感光胶片上，冲洗出来就成为印刷工艺所使用的一套分色胶片，这一过程称为“出片”或“发排”。每张胶片对应一种原色油墨的成分，分色胶片可起到颜色信息载体的作用。

2. 印版

印版是不透明材质的图文信息载体，用于转移油墨至承印物上，在印刷过程中可起到传递颜色的作用，借助印版才能进行真正的印刷。

分色胶片并不能直接在印刷机上使用，所以胶片上的图文信息必须再次转移到印版上。用分色胶片制取印版的过程称为“晒版”，晒版后胶片上的分色图文信息被转移到相应的印版上，如图 4-15 所示。

原稿的分色信息在分色胶片或印版上都表现为灰度图样式，它们的明暗代表的是原稿中某种原色的比例大小或浓淡程度。

某种原色所占的比例越大越浓郁，在分色胶片和印版上表现的明度越暗。反之，比例越小越淡的颜色，在分色胶片和印版上表现的明度越亮，如图 4-16 所示。

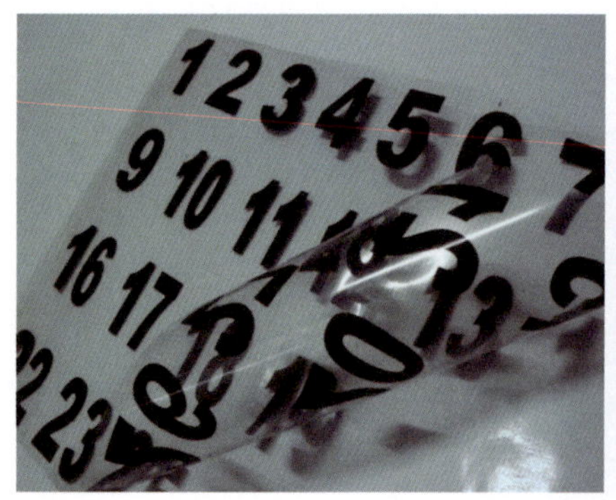

图 4-15　胶片和印版

图 4-16　原稿图像和印版上分色信息

利用这一原理，可以通过原稿图像上的特征色分辨分色胶片和印版到底表现的是哪种原色。

分析原稿图像确定特征色，然后再确定各色印版：

确定黄色印版：图 4-16 中从上往下第五个杯子黄色信息量最大，其对应位置黄版上的图文信息应该最深，由此可判定③为黄版。

确定青色印版：图 4-16 中第一个杯子为蓝色，说明青色含量最大，再结合第二个杯子绿色，我们知道绿色应该由青色和黄色的油墨叠加获得，所以在四幅图片中，第①、③两张印版图像上第二个杯子的位置相对比较深，可确定①为青色印版。

确定品红色印版：图 4-16 中第三个杯子为红色，说明品红色含量最大，同时，我们知道红色应该由品色和黄色的油墨叠加获得，所以在四幅图片中，第②、③两张印版图像上第二个杯子的位置相对比较深，可确定②为品红色印版。

确定黑版：图 4-16 中黑色是由三原色叠加而成的，通过排除法得到，④为黑色印版。

拓展

目前常用的 CTP 设备有热敏制版设备和紫激光制版设备等，其中热敏制版设备主要利用热成像技术实现制版过程，紫激光制版设备主要利用紫激光曝光成像技术实现制版过程。热敏 CTP 设备不足之处，如激光器的功率要求较高、生产成本偏高等；紫激光 CTP 设备虽然以精度高、速度快著称，但是激光头的寿命、生产成本以及环境污染等问题也存在。

纳米材料绿色制版技术（nano green plate，NGP），在纳米结构的版材上直接打印成像，彻底解决了制版过程中的污染和资源浪费等问题。如图 4-17 纳米版材表面由特定尺寸的纳微米结构组成，该材料具有很好的保水性，能够完美地承接纳米转印材料对微区浸润性能的改变，从而实现非图文区到图文区的信息传递，最终将网点信息转印到纸张上。

图 4-17　纳米材料印版

NGP 制版机采用了高集成度微压电喷墨单元作为物理成像基础，可以保证不丢点，具有网点还原性好、受印刷工艺变化的影响小等优点。整个制版过程只需要两步即可，不产生任何污染和资源浪费等问题。

二、印版上不同加网方式

网点是构成印刷连续调图像的基本单元，它可以组织颜色，表现阶调层次的变化。常见的网点有调幅网点和调频网点，如图 4-18 所示，但在实际生产中有时也会使用调幅和调频两种方式混合的网点。

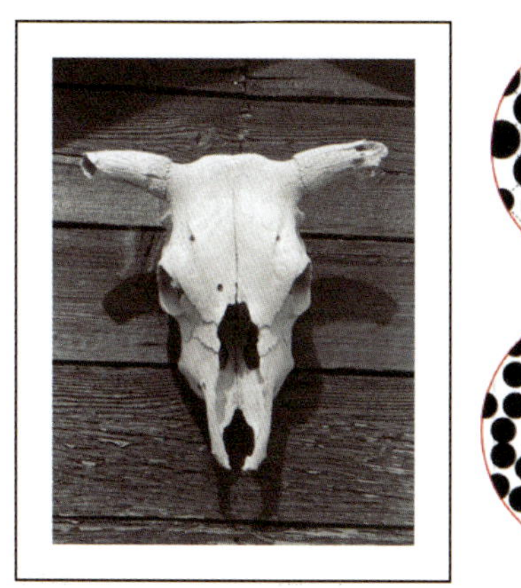

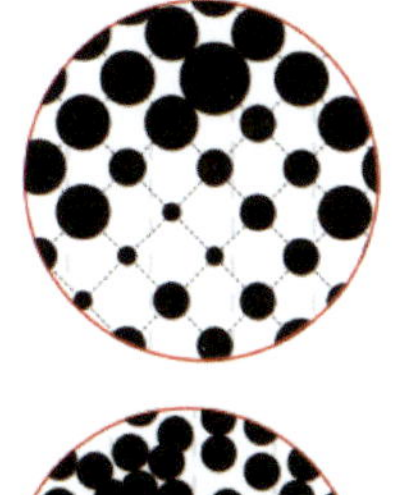

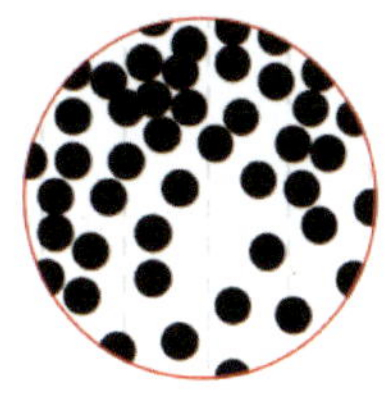

图 4-18　调幅网点和调频网点

1. 调幅网点

调幅网点，AM（amplitude modulated dot）网点。国标 GB/T 9851.1—2008《印刷技术术语 第 1 部分：基本术语》中，调幅网点定义：调幅网点具有一定的网目频率、网目角度、网点形状，通过网点覆盖率的变化再现图像阶调和网目结构。它的特点是：单位面积内网点数目不变，相邻网点中心连线的距离不变，通过改变网点的大小表现图像阶调层次。如图 4-19，为网点在分色后和印刷产品上呈现的实际状态。

(a) 分色网点（光滑）

(b) 印刷网点（毛刺）

图 4-19　分色网点和印刷网点

（1）网点大小。网点大小通常用网点覆盖率来衡量，指网点覆盖面积与总面积之比，通常用百分数表示。网点的大小可以借助密度计进行测量，也可利用放大镜进行目测观察，根据网点的面积和间距粗略估算。在实际应用中企业师傅习惯用“成”来表示网点。如表 4-2 中所示，10% 的网点被称为“一成网点”、20% 的网点被称为“二成网点”、30% 的网点被称为“三成网点”……按此顺序类推。其中，0 网点被称为“绝网”，100% 的网点被称为“实地”。

表 4-2 网点的大小

100%	90%	80%	70%	60%	50%	40%	30%	20%	10%	0
实地	九成	八成	七成	六成	五成	四成	三成	二成	一成	绝网

对于连续调图像而言，通常网点覆盖率为 0 ～ 10% 的区域表现原稿的高光部分；网点覆盖率为 10% ～ 30% 的区域表现原稿的亮调部分；网点覆盖率为 40% ～ 60% 的区域表现原稿的中间调部分；网点覆盖率为 70% ～ 90% 的区域表现原稿的暗调部分。

（2）网点形状。网点形状指单个网点的几何形状，常用的网点形状主要有方形、圆形、菱形（链形）、椭圆形等，如图 4-20 所示。不同形状的网点除外观特点外，在印刷复制中还具有不同的变化规律，会影响印刷的复制效果。

方形网点在网点覆盖率 50% 处出现网点搭接，出现棋盘状图形，随着网点四角相连，搭接的部分容易出现油墨堵塞情况，网点扩大率提升，使得中间调的层次比较生硬，过渡性差，所以通常适用于对中间调要求不高的图像原稿。

圆形网点在图像中、高调区域网点都是孤立的，在网点覆盖率 70% 以后的暗调区域出现网点的搭接，圆形网点相连后，网点扩大率就会明显提升，从而导致暗调区域网点油墨量过大，容易失去原有的层次。因此，圆形网点适用于以中、高调为主的原稿图像。

菱形网点又称链形网点。通常链形网点两条对角线长度不相等，网点覆盖率约 25% 时出现长对角线搭接，而网点覆盖率约 65% 时出现短对角线搭接。与方形网点比较，链形网点两次较小的搭接，可以很好地避开中间调区域，通过两次变化，减弱了密度越升的影响。所以，链形网点适合于表现画面阶调柔和，层次丰富的人物或风景画。

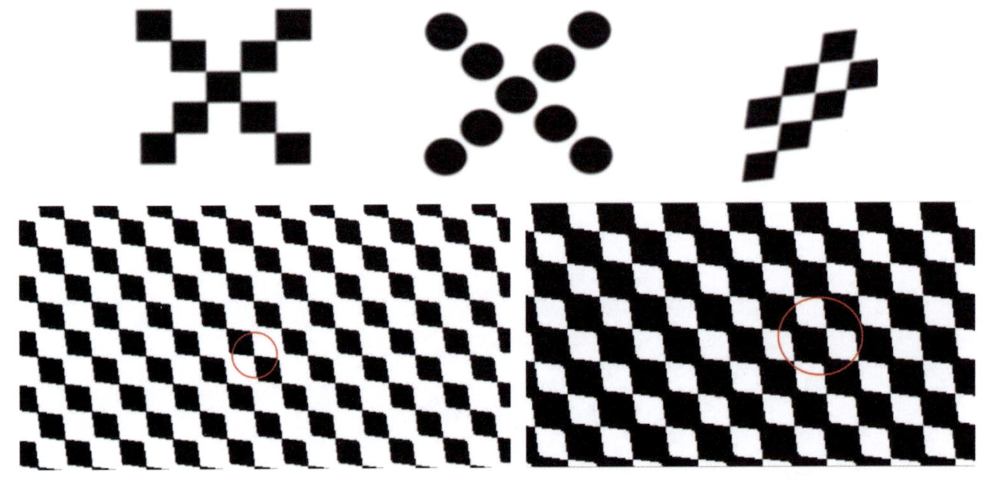

图 4-20 常用网点形状、菱形网点搭接
（以 50% 网点为例，方形恰好搭角，圆形有间隔，菱形长轴搭角、短边间隔）

（3）网点线数。网点线数是指单位长度内所能容纳分割线条的数目，常以“线 / 英寸（line/in）”或“线 / 厘米（line/cm）”表示。例如说铜版纸常用的加网线数为 175 线，是指每英寸内有 175 条网线。英

制单位是公制单位的2.54倍，如公制的100线/厘米相当于英制的254线/英寸。加网线数越高，单位面积内可容纳的网点个数越多，图像的细微层次表现越精细；加网线数越低，图像的细微层次表现越粗糙，如图4-21所示。理论上加网线数越高图像层次越好，但在实际生产中，也并不是线数越高，印刷品效果越好。因受印刷工艺条件限制，加网线数越高，对印刷生产设备、材料要求就越高，印刷控制难度也就越大，所以加网线数要根据不同的材料特性、印刷生产条件等因素进行合理的选择。如表4-3常见印刷品类别与网点线数的关系。

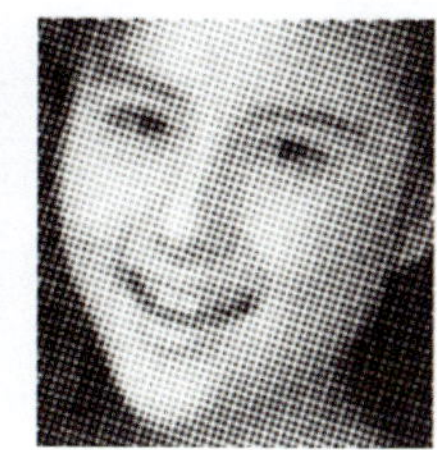

图4-21　网线变化对图像质量的影响

表4-3　常见印刷类别与网点线数

印刷类别		加网线数/（线/英寸）	对应分辨率/（点数/英寸）
胶版纸	报纸	80～100	160～200
	单色杂志	100、133、150	200、266、300
	彩色杂志、彩色宣传品	133、150	266、300
铜版纸	一般印刷品	150、175	300、350
	精美印刷品（邮票/纸币）	200	400

（4）网点角度。网点角度是指相邻网点中心连线与基准线的逆时针夹角，基准线可以是水平线，也可以是垂直线。网点排列结构由相交90°的横纵两个方向进行排列，如图4-22所示，每张图片上网点与水平轴的夹角都有两个，即0°（90°）、15°（105°）、45°（135°）、75°（165°）。在印刷行业习惯中，常用的网点角度有0°、15°、45°和75°。

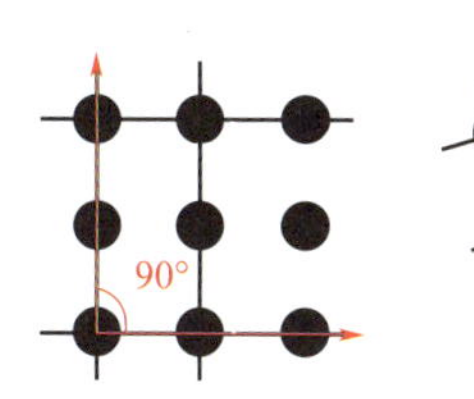

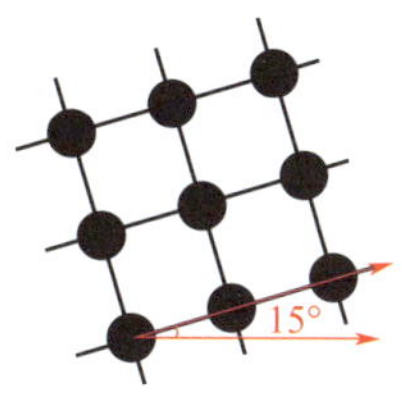

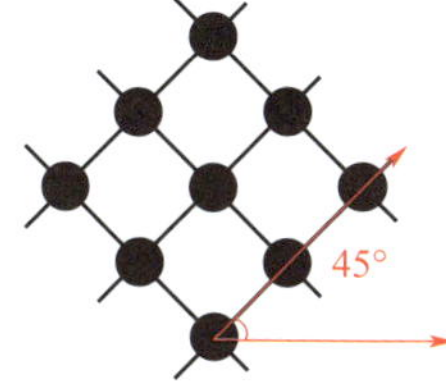

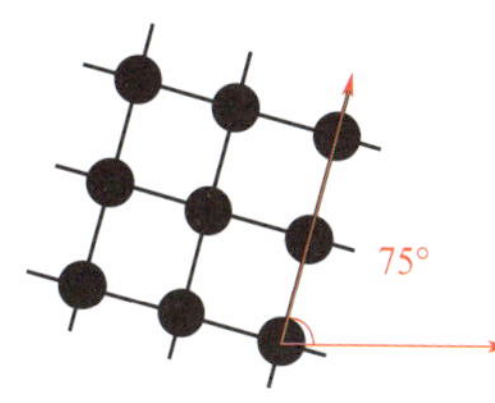

图4-22　网点角度

从人眼观察的视觉效果来看，45°的网点角度最舒服、美观，表现稳定不呆板，是最好的网点角度。其他网点角度，15°和75°次之，它虽然不稳定，但也不呆板；0°网点角度显得过于呆板，视觉效果最差。因此，画面中主要色一般将其角度设置为45°。

当两种或两种以上不同角度的网点叠印在一起时，利用放大镜观察，可以看到明显的干扰条纹，即莫尔条纹（Morie）。莫尔现象在调幅网点中是必然会出现、不可避免的一个问题，生产中只能尽量减小它对图像质量的影响。其中网点角度差为30°或60°时，花纹较细腻、整体较美观，对画面的干扰较少，这种比较美观的莫尔条纹通常我们称之为玫瑰纹。当网点角度差产生的莫尔条纹影响画面效果、美感时，我们称之为“龟纹”，如图4-23所示。

在单色印刷中，一般使用45°的网角，因为网角是45°时的图像对视觉干扰最小，表现稳定不呆板。在双色或多色的印刷中，要充分考虑网点角度对图像的影响。在四色印刷时，为减少龟纹对印刷效果的影响，四色印版网点角度的安排应遵循以下原则：一般将画面中的主要色版或最强色版设置为视觉效果

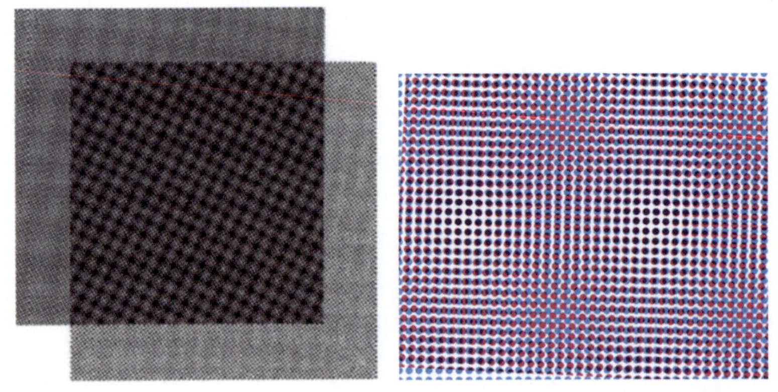

图 4-23　龟纹

最好的 45°，次要色版设置为 15°和 75°，对画面影响最弱的色版设置为 0°（90°）的网点角度。

根据原稿图像的特点，通常四色印刷网点角度安排如下，如表 4-4 所示。

表 4-4　原稿类型与网点角度关系

原稿类型	分色印版			
	青（C）	品红（M）	黄（Y）	黑（K）
暖色调图像（人物肖像）	75°	45°	0°（90°）	15°
冷色调图像（风景）	45°	75°	0°（90°）	15°
中性色图像	75°	15°	0°（90°）	45°

调幅网点加网制作工艺成熟，能稳定地表现阶调层次的变化，是行业中最常用的加网技术。但是，当四色印版网点角度安排不当或套准有误时，容易产生干扰画面效果的龟纹，影响印刷品质量。

2. 调频网点

调频网点，FM（frequency modulated dot），国标 GB/T 9851.1—2008《印刷技术术语 第 1 部分：基本术语》中，调频网点定义：调频网点具有固定的网点大小和形状，通过网点空间频率的变化再现图像阶调和颜色的非周期性网目结构。

调频网点的特点：每个网点的大小固定不变，通过改变网点的疏密程度表现图像阶调层次。网点密集的地方图像密度大，对应原稿上颜色较深的区域；网点稀疏的地方图像密度小，对应原稿图像上颜色较浅的区域。

调频网点在空间的分布随机，没有网点角度的限制，有效地避免了龟纹的出现。但是，网点的颗粒越小，对印刷生产的精度要求越高，对印刷设备条件和操作者技术水平的要求也越苛刻，从而导致印刷成本增长。由于印刷存在不可避免的网点扩大现象，在印刷压力作用下沿着网点的边缘向外扩张，相同单位面积内，调频网点的边长总和远远大于调幅网点，所以网点扩大现象更加明显。尤其是高光区域，由零星分布的超级小的调频网点构成，印刷时非常容易丢失，造成阶调层次的缺失。与此同时，调频网点对印刷设备性能、生产工艺要求较高，一定程度上限制了它的发展速度。由于调频网点的尺寸非常小，与调幅网点相比，它组成的画面清晰度更高，阶调层次更细腻。

在实际生产中，调幅网点、调频网点各有优缺点，我们会根据印品的特点选择不同的网点。

三、辨别四色印版

印版鉴别，通过观察原稿和四张分色版（如图 4-24）的相同位置区域，先从原稿上的原色、间色入手分析，再从复色分析，最终辨识黄、品红、青、黑四色印版。该技能的训练基础，需要熟练掌握色料混合规律，熟识印刷色谱的双色、三色、四色的色彩呈现效果，才能准确地辨识四色印版，通过系统训练逐渐提高辨色效率。

原稿

Y

C

M

K

图 4-24　原稿及分色版图文信息

练一练

1. 观察分析图 4-25 中的原稿和四色版，辨别不同位置的色版属于哪个颜色。采用印刷标准分色，将彩色原稿分解为黄、品红、青、黑四色。

原稿A

①

②

③

④

图 4-25　原稿 A 及四色版

请作答：①的颜色是（　　），②的颜色是（　　），③的颜色是（　　），④的颜色是（　　）。

2. 观察分析图 4-26 中的原稿和四色版，辨别不同位置的色版属于哪个颜色。

原稿B

①　②　③　④

图 4-26　原稿 B 及四色版

请作答：①的颜色是（　　），②的颜色是（　　），③的颜色是（　　），④的颜色是（　　）。

任务四 色彩合成

原稿图像经分色、制版后，得到一套 C、M、Y、K 四色印版，原稿的颜色信息以网点的形式被记录在各单色印版上，印版着墨后又将油墨转移至承印材料，当四色印版的颜色信息都转移完成后，颜色合成的过程也就顺利完成，从而实现原稿的复制。

一、颜色的合成

对于彩色印刷品而言，当四色油墨在印刷压力作用下，逐一转移到纸张上之后，通过叠印展现印刷品的全貌。网点的呈色遵循色料减色法的原理，各色油墨网点之间的关系只有两种：网点并列、网点叠合。

1. 并列网点的呈色

彩色印刷品的亮调部分，网点覆盖率在 10% 以内，网点分布稀疏，点子与点子之间留有空白，所以印刷品亮调部分的网点大多处于并列状态。目测观察时，彩色小网点与承印物（如白纸）的反射光一同进入眼睛，所以呈现浅色。

当黄色网点和青色网点并列，白光照射在面积相同的黄色和青色油墨层上时，黄色油墨层吸收白光中的蓝光，青色油墨层吸收白光中的红光，由于网点并列，黄色油墨层反射的红光、绿光和青色油墨层反射的绿光、蓝光进行空间混合。按照色光加色法，等量的红光、绿光和蓝光混合成白光，剩余的为绿光，因为网点距离较小，人眼就感觉到了绿色。同理，品红色和黄色网点并列时产出红色，品红色和青色网点并列时产生蓝色，而黄色、品红色、青色网点并列则呈黑色，如图 4-27 所示。

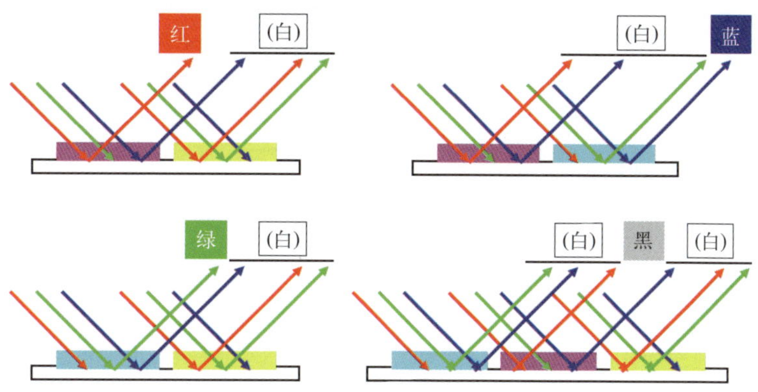

图 4-27　网点并列合成颜色示意图

当两种网点并列，但网点面积不相同时，则产生的颜色偏向于大网点的一侧，例如，网点面积大的黄色和网点面积小的青色油墨并列时，由于青色油墨反射较多的绿光和蓝光，产生的颜色为黄绿色。

2. 叠合网点的呈色

印刷四色标准油墨具有一定的透明性，每一色的墨层都能透光，当印完第一层油墨再印刷第二层油墨时，入射光照射在双色网点区域时，先透过第一层油墨、再透过第二层油墨，从而网点产生叠合呈色的效果。不同颜色的彩色网点与入射光发生选择性吸收，所以呈现混合色。以黄色油墨层和青色油墨层叠合为例，白光照射在黄色、青色油墨叠合层上时，黄色油墨吸收白光中的蓝色光，剩下的红光和绿光透过黄色油墨照射到青色油墨层上，青色油墨层吸收红色光，透过绿色光，绿色光透射到白色纸张上，被反射作用于人眼，因此，在黄色、青色油墨层叠合后看到的是绿色。同样，品红色和黄色网点并列时产出红色，品红色和青色网点并列时产生蓝色，而黄色、品红色、青色三色油墨层叠合则呈黑色，如图 4-28 所示。

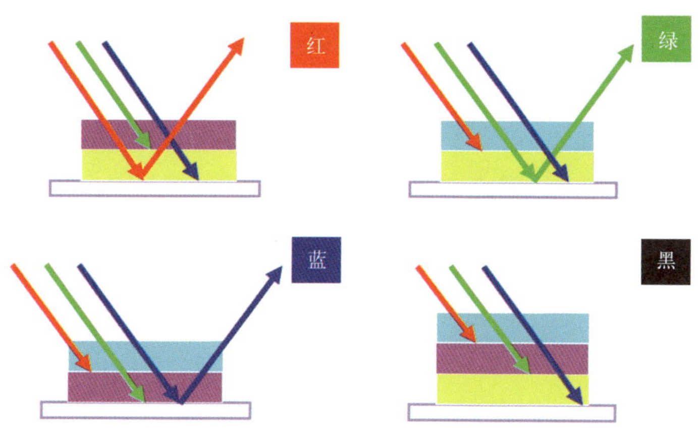

图 4-28　网点叠合合成颜色示意图

油墨吸收色光的多少与色料的浓度、透明度、墨层厚度、叠印先后顺序因素有关，所以会产生偏色。

练一练

请同学们根据色料混合规律，通过薄涂、厚涂的方式，体验 CMY 三色印刷油墨的混色效果，参考图 4-29 的颜色进行练习。

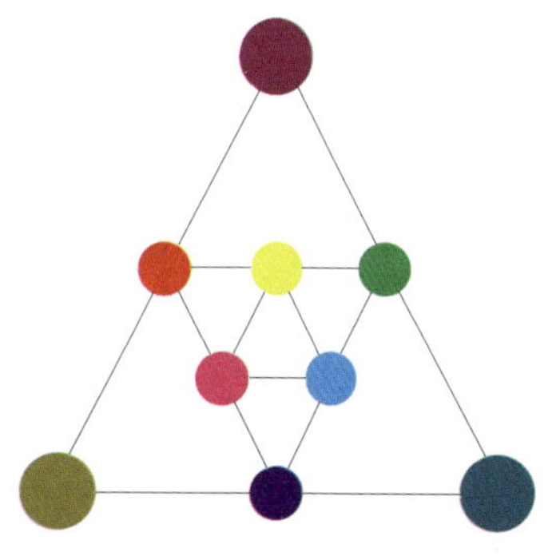

图 4-29　网点叠合合成颜色示意图

二、印刷色序

印刷色序是指在彩色印刷中各色印版逐一在承印物上印刷的次序，也就是印刷时油墨的顺序。色序的合理安排可以使印刷品更接近于原稿图像，在实际生产中，影响产品质量的因素较多，同一产品在不改变其他条件的情况下，印刷色序不同，印刷效果也存在较大差异。确定色序的原则如下。

（1）根据原稿的颜色特点确定色序。

在印刷过程中，油墨因含有杂质，不能达到100%透明的理想状态，总会具有一定的遮盖能力，后印刷的油墨必然会一定程度上遮盖先印的颜色。所以，在安排色序时要根据原稿的颜色特点，有选择性地先印次要色，后印主要色，这样有利于突出主色，体现原稿的色调特征。例如：人物肖像暖色调图像，应先印黑色、青色，后印品红色、黄色，突出暖色调主色；风景类冷色调图像，应先印品红，后印青色；中性色原稿图像，应把黑版放到最后，便于突出图像氛围。

（2）根据油墨性能确定色序。

① 根据透明度确定印刷色序。对于常见的四色印刷，其油墨透明度从大到小依次为：Y>M>C>K。一般情况下，透明度差的油墨遮盖力较强安排先印，透明度好的油墨选择后印，便于印刷品的正确还原。

② 根据油墨的黏度确定印刷色序。四色印刷是湿压湿的印刷方式，前一种油墨层未干透，后一种油墨层就叠印上来，一色紧跟一色。这就需要前一种油墨的黏度大于后一种油墨，那么在印刷生产中通常按油墨黏度从大到小 K>C>M>Y 的色序印刷。

③ 单色机印刷方式与传统的四色印刷不同，属于“湿压干”的印刷方式，也就是前一种油墨层干透后，再印后一种油墨。最常用的印刷色序为 Y—M—C—K。

④ 根据墨层厚度确定色序。墨层厚度从薄到厚的顺序为 Y>M>C>K，一般选择墨层薄的油墨先印，墨层较厚的后印。

⑤ 根据油墨的干燥性确定印刷色序。油墨的干燥速度为 Y>M>C>K，通常选择先印干燥速度慢的墨层，后印干燥速度较快的墨层。

⑥ 根据油墨稳定性确定色序。油墨的稳定性是指油墨在印刷过程中或长时间暴露于光照下不发生颜色变化的特性，一般情况下稳定性较差的先印，稳定性较好的后印；通常 Y、M 耐光性较差，所以需要先印。

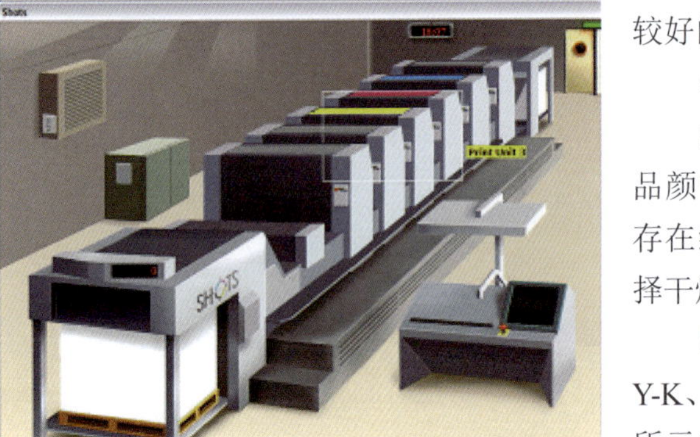

图 4-30　SHOTS 模拟胶印机

（3）根据纸张性能确定色序。

纸张的白度、平滑度、光泽度与吸收性均会影响印刷品颜色质量，对于白度和平滑度较低、质量较差的纸张，存在纤维松散、掉粉掉毛等缺陷，为了弥补不足，可以选择干燥速度快的黄色油墨打底，使纸张表面迅速成膜。

四色印刷的常见色序：单色机，Y、M、C、K；双色机，Y-K、M-C（依据纸张特性确定色序）；四色机（如图 4-30 所示为 SHOTS 模拟四色胶印机），K、C、M、Y。印刷色序还会因为原稿图像的特点进行调整，对于人物肖像暖色调图像，品红色为主色，一般将色序安排为 Y—C—M—K；对于风景类冷色调图像，为了突出冷色，色序安排为 Y—M—C—K。

任务五　黑版应用与分色工艺

木刻水印，是中国特有的传统复制工艺，也是一种彩色套印技术，用于复制作品，根据画稿着色浓淡、阶调层次的不同，分别刻成许多板块，依照色调进行套印或叠印，也称饾版，如图 4-31 所示。木刻水印的印刷成品，能最大限度地保持原作的风格，被誉为“再创造的艺术”，专门用来复制水墨画、彩墨画和绢画等手迹艺术品。在南方的一些村落还保留着最古老的手工技艺，一辈辈、手把手传授的匠人，沿袭着古老技艺的传承。

一、黑版在四色印刷工艺中的重要性

四色印刷工艺，是以减色法混合规律为基础，用黄、品红、青三原色墨加上黑色墨进行印刷的方式。有人会问，色料减色法的混合规律研究的是黄、品红、青三种原色的混合，并没有黑色，为什么加它？开始人们曾设想使用黄、品红、青三色进行印刷复制，但效果不理想，后来人们在三色印刷的基础上又加入第四色——黑，使得印刷成品的颜色效果大为改观。

在四色印刷工艺中，黑版有非常重要的意义，其作用主要有以下几点：

① 黑版可以加强中间调至暗调部分的层次。

理想的青、品红、黄可以混合出全部物体色，且三者等量混合时可以得到黑色或灰色。但实际的色料本身含有杂质、纯度不够，不能叠印出饱和的黑色，使得混合后的黑色呈现红棕色倾向。在彩色复制工艺中，黑版阶调影响的重点一般是中间调至暗调区域，故增加黑版改善颜色表现、纠正色偏、稳定颜色层次。

② 黑版可以加强印刷品的密度和层次反差。

加入黑版使图像暗调更暗，增强纸张对光的吸收能力，光的吸收率增加，密度相应就会增大（图4-32），从而增强了图像的对比度和阶调反差，使图像看起来轮廓感强、更清晰、有精神，如图4-33所示。

图 4-31　木刻版画

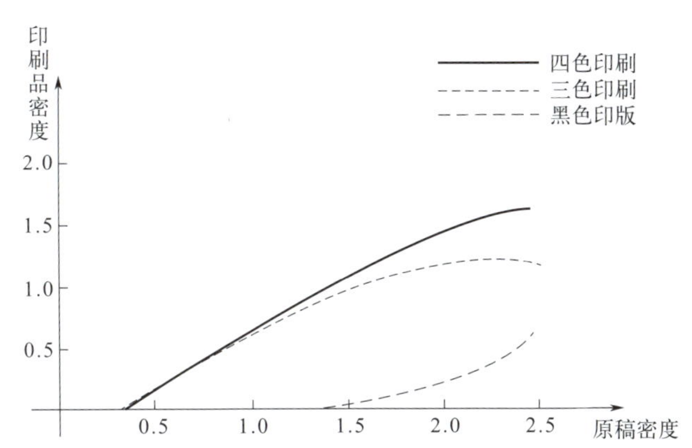

图 4-32　三色印刷和四色印刷密度比较

图 4-33　三色印刷和四色印刷叠印效果比较

③ 黑版可以解决文字线条稿的印刷问题。

在印刷中常常需要印刷大量笔画细小的黑色文字和线条，如果将其设置为三色或四色方式，则印刷时需要套印 3 ～ 4 次，只要稍有偏差，文字和线条就会模糊不清。故通常将文字和线条直接设置为单色黑印刷，只印刷一次即可，如图4-34所示。

印刷 单色印刷

图 4-34　四色印刷和单色黑印刷线条稿比较

④ 使用黑版可以减少彩色墨用量，降低成本。

彩色印刷品的复制工作，可以通过三原色来完成，使用黑版可以替代一部分彩墨，这样可以满足图像色调的要求，减少彩墨用量，降低印刷成本。同时，彩色墨减少使膜层减薄，印刷总墨量降低，不仅避免了暗调区域油墨的堆积，而且干燥速度加快。

二、黑版的分类

黑色印版在四色印刷中所起的作用根据所占比例的不同，可分为短调黑版、中调黑版、长调黑版，如图 4-35 所示。

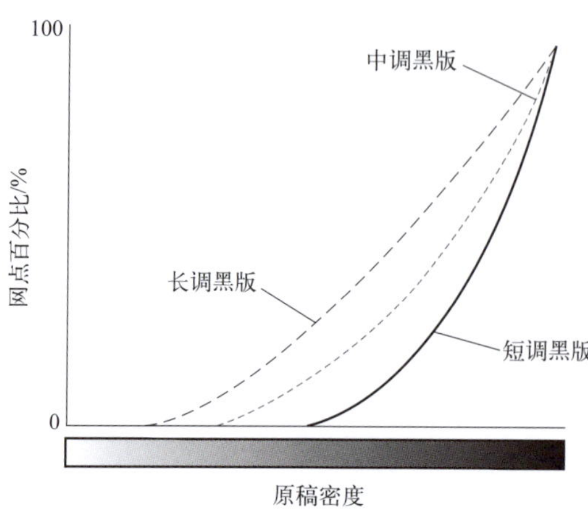

图 4-35　不同黑版曲线

（1）短调黑版：在彩色复制技术中，短调黑版的加入一般只对中间调和暗调部分起作用，主要在图像中增大图像反差、加强物体轮廓，保证画面中间层次，所以也叫轮廓黑版或骨架黑版，如图 4-36 所示。短调黑版可以较好地保持彩色墨的纯净和通透感，适用于色调明快鲜艳的照片、水彩画等。

图 4-36　短调黑版的应用

（2）中调黑版：又称线性黑版，按正常比例制作的黑版。适用于彩色与非彩色并存的所有正常阶调的图像原稿，使用率最高。

（3）长调黑版：又名前调黑版，网点面积占全图总面积的 80% 左右。印刷复制时采用黑色印版为主，彩色版为辅的分色方法，所以通常指利用底色去除工艺生成的黑版，长调黑版可以较大程度地减少彩色墨层的厚度，多用于表现以黑色为主的水墨画、国画及颜色厚重的照片等，如图 4-37 所示。

图 4-37　长调黑版的应用

三、分色工艺

随着印刷行业的快速发展，多色高速印刷进入市场，在高速四色印刷过程中，图像的暗调部位在各个印版上都有较浓密的颜色分布，由于油墨实地、暗调区域油墨量过大、干燥速度慢等原因，出现粘脏、糊版等问题，造成次品率增加，影响印刷质量，从而给实际印刷造成很大困难。为了解决油墨覆盖率过高带来的问题，人们必须采取一些手段和分色工艺技术，来降低复色部分，特别是暗调部位复色的油墨总量。根据格拉斯曼颜色混合定律的代替律，使用三原色叠印得到的非彩色成分可以用单色黑来代替。常用的分色工艺技术，包括底色去除工艺（UCR）、灰成分替代工艺（GCR）。

1. 底色去除工艺（UCR）

定义：在分色过程中，借助软件技术将图像较暗区域的复色中的青、品红、黄三原色等量减少一部分，适量增加黑墨来替代的技术。

底色去除的理论依据有2个：第一，根据减色法代替律，两种成分不同的颜色，只要视觉效果相同，就可以互相代替使用；第二，三原色等量叠加可以产生黑色或一系列明度不同的灰色。基于以上这两个原理，可以用适当浓度的黑色墨来代替图像中的三原色等量的部分，而视觉效果基本保持不变，这就是底色去除工艺的基本原理。

底色去除工艺只对图像中由三原色叠合而成的复色起作用，对鲜艳的原色和间色不起作用，这是因为只有复色中才有三种原色成分，才能被等量地去除一部分，用明度不同的黑色或灰色替代。

若想表现褐色复色色样，可采用以下方法：

可以用 100% 黄、80% 品红、50% 青三色叠印油墨，总覆盖率为 230%。

因为 25% 黑 =25%（黄 + 品红 + 青），可将等量 25% 的彩墨去除，用 25% 黑墨替代，如图 4-38 所示，即可以用 75% 黄、55% 品红、25% 青、25% 黑四色叠印油墨总覆盖率为 180%。

底色去除工艺不是去除图像中暗调区域中性灰色的全部彩色，而是取适当的量来用黑色油墨代替的一种工艺技术，一般去除量在 20% ～ 30% 之间为宜，如图 4-39 所示。

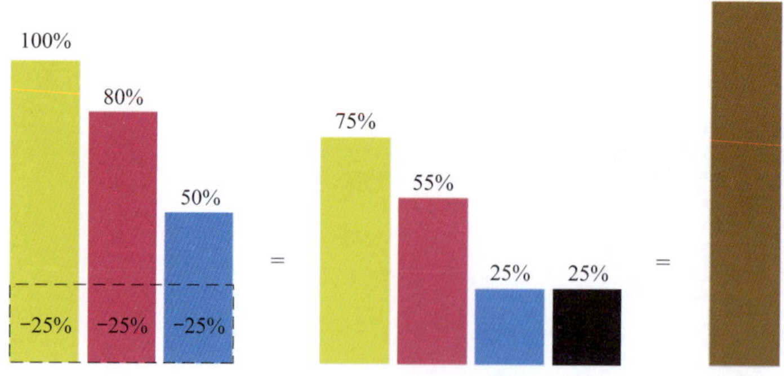

图 4-38　底色去除工艺原理

图 4-39　底色去除工艺（UCR）分色效果图

底色去除工艺（UCR）的优点：油墨的总覆盖率直线下降，可以提升油墨干燥速度，改善叠印效果；彩墨被黑墨替代可以节省彩色油墨，降低油墨成本；黑色墨量的增大有助于稳定暗调部位的颜色，不易产生偏色。

底色去除工艺的特点：第一，彩色版为主色版，黑版是辅助色版；第二，黑版属于短调黑版，作用范围较小，只在暗调区域出现，也为骨架黑版，可以加强图像反差，使图像的轮廓更加突出；第三，部分去除，影响较小。UCR 工艺对画面复色中的三原色等量部分并没有全部去除，只对图像画面中较暗部位的复色进行去除和替换黑墨只替代了部分的等量三原色，所以暗调的颜色非常饱满，画面显得非常滋润，图 4-40 为软件中 UCR 工艺的应用。

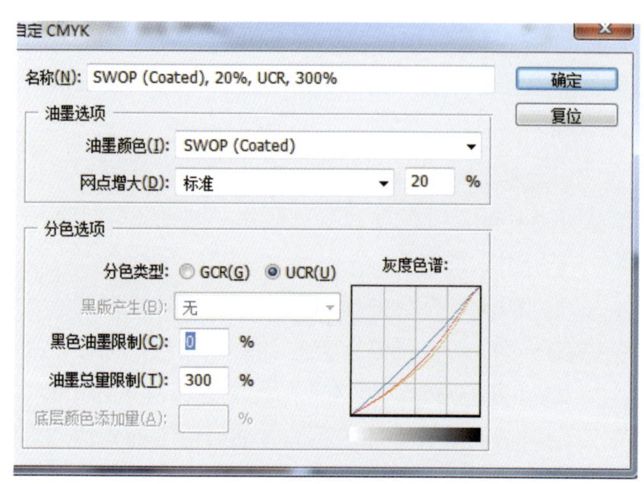

图 4-40　Photoshop 软件中底色去除参数设置

练一练

利用软件验证：不同的底色去除比例能否得到相同的色彩结果，如图 4-41 所示。打开 InDesign/Photoshop/Illustrate 软件，在 CMYK 颜色模式下设置填充色，用等量的 *K* 值来替换等量的 *CMY* 值（如 *C*−10%、*M*−10%、*Y*−10%、*K*+10%）。

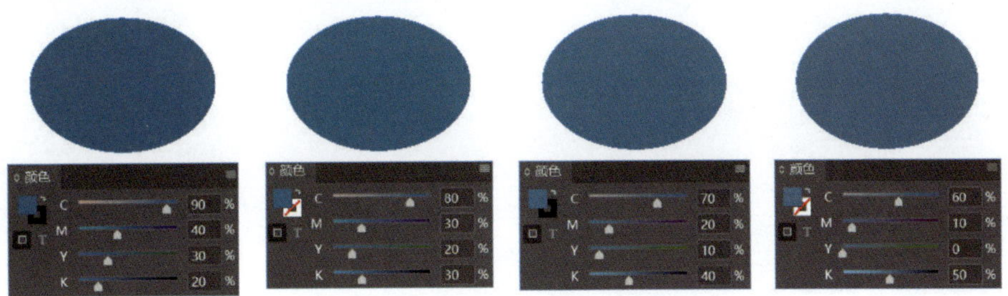

图 4-41　软件中去除不同量观察结果

2. 灰成分替代工艺（GCR）

定义：在分色过程中，借助软件技术将图像画面里所有复色中含有的灰色成分全部去除，增加黑墨来补偿的技术。GCR 属于 UCR 的升级版。GCR 工艺技术适合于分色图像中灰成分较多的原稿，如国画、水墨画等。

若想表现褐色复色色样，可采用以下方法：

可以用 100% 黄、80% 品红、50% 青三色叠印油墨总覆盖率为 230%。

因为 GCR 工艺是将整个画面中所有复色的三原色等量部分全部去除，用相应浓淡的灰色代替，所以将等量 50%（黄 + 品红 + 青）的彩墨去除全部用 50% 黑替代，如图 4-42 所示，即可以用 50% 黄、30% 品红、50% 黑三色完成，叠印油墨总覆盖率为 130%。

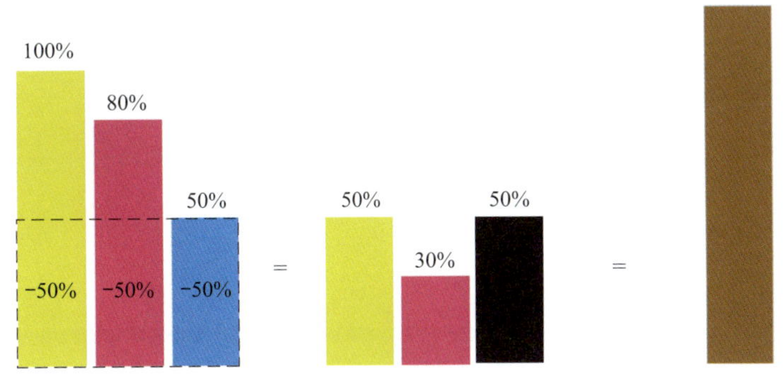

图 4-42　灰成分替代工艺原理

采用 GCR 工艺时，从亮调到暗调的所有复色，都以比例最小的一种原色为基数，去除了三原色等量的部分。也就是说，在所有复色部位，比例最小的一种原色墨被全部去除了，所以 GCR 工艺的实质是“两种原色”加“一种黑色”的混合方式。

灰成分替代工艺是将整个画面中所有复色的三原色等量部分全部去除，用相应浓淡的灰色代替。如图 4-43 所示，可以看到，彩色版的颜色密度已经大大降低，而黑版信息量大大增加。

灰成分替代工艺的优点：油墨覆盖面积大大减少，油墨干燥速度快，适合多色印刷的速度要求；彩墨用量大幅减少，降低油墨成本；灰色调表现稳定，画面不易偏色。缺点：亮调区域复色中出现灰色成分，容易显脏，色彩显得单薄、不滋润；中低调区域墨层总厚度降低，使墨层表面光泽度下降，颜色显得暗淡无光；彩色版变得很弱，不利于印刷套准操作。

灰成分替代工艺的特点：第一，黑版为主色版，彩色版为辅助色版；第二，黑版为长调黑版，作用范围宽广，从亮调部位到暗调部位全阶调范围中都有，灰成分替代范围是全阶调的；第三，全部去除，不仅用黑墨取代底色，且对从高光到暗调整个阶调范围内的任何符合颜色的灰成分都有替代，所以印刷后的颜色显得单薄，容易脏。但彩色油墨成本得到大幅度降低。

图 4-43　灰成分替代工艺（GCR）分色效果图

练一练

使用畅流选择UCR和GCR不同工艺进行处理，如图4-44所示，对图像中的黑色生成选项进行调整，我们会发现图片分色结果不同，如图4-45所示，通过仔细查看和比对，UCR和GCR工艺有什么不同？

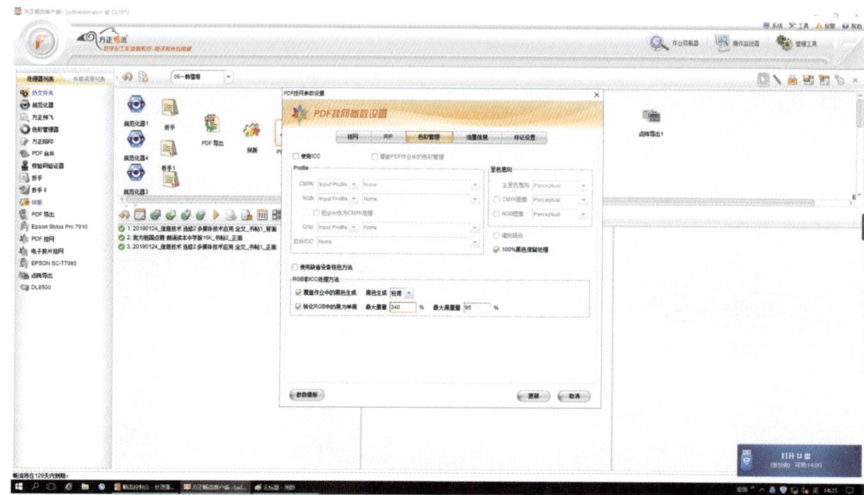

(a) 方正畅流中UCR工艺参数设置

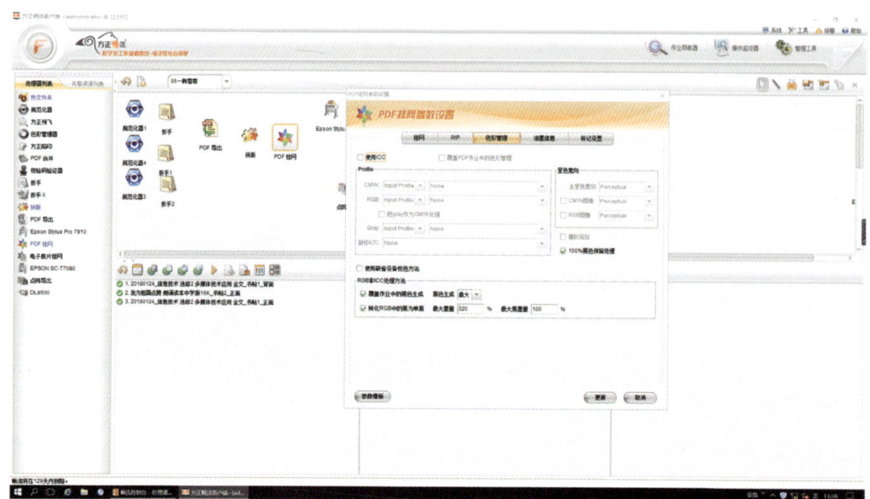

(b)方正畅流中GCR工艺参数设置

图 4-44　畅流中选用 UCR、GCR 工艺

图像分色处理后四色印版上的信息如图 4-45 所示。

(a) UCR工艺　　　　(b) GCR工艺

图 4-45　UCR 和 GCR 工艺处理结果

在使用灰成分替代工艺时，由于复色中比例最小的一种原色被去除，变成两种原色加一种灰色的分色效果，使印刷品的彩色信息大大减少，所有颜色效果显得很单薄、不厚实，达不到理想的复制效果，为弥补这一缺陷，在 GCR 分色工艺中，人们采用底色增益工艺（UCA）对彩色部分做出补偿。

底色增益工艺（UCA）定义：UCA 是与底色去除功能相反的工艺技术，是指在分色过程中，借助软件技术适当增加暗调区域内黄、品红、青三原色的油墨量，是颜色层次更丰富的技术。

底色增益后，黑版信息不变的情况下，彩版信息量普遍增加，使彩墨的着墨量增大，颜色显得更滋润、更真实、更美观，如图 4-46 为软件中 GCR 和 UCA 两种工艺参数设置应用。

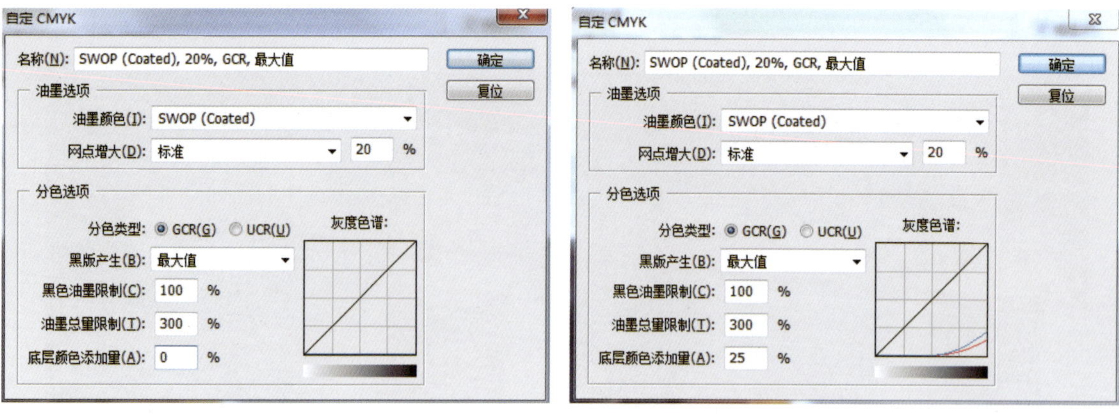

(a) GCR工艝　　(b) UCA工艺

图 4-46　GCR 和 UCA 参数设置对比

采用灰成分替代工艺（GCR）分色后，生成长调黑版，大量替代了彩色，特别是人物面部高调处的颜色单薄、没有生气。采用底色增益工艺（UCA）补充后，各彩色版的墨量有了适当的提高，让画面的印刷效果显得饱和、颜色显得干净。一般情况下，UCA 工艺对图像暗调部位在黑色叠印部分增加彩色油墨，彩色墨量增加较少，所以只影响较暗部分的中性色。图 4-47 为两种工艺技术的比较。

(a) GCR工艺　　(b) UCA工艺

图 4-47　GCR 和 UCA 工艺处理结果

四、灰平衡

理想中的三原色油墨等量叠印，应呈现出中性灰色，但实际的三原色油墨并不理想，所以，三原色油墨等量叠合，并不能获得纯净的黑色。为弥补油墨的缺陷，分色时，要对三原色的比例做适当调整，使之在视觉上达到接近于真正灰色的效果。灰平衡是指将青、品红、黄三原色油墨设定成恰当的叠印比例，使之在印刷品上形成视觉效果平衡的灰色。灰平衡是衡量印刷复制中色彩再现的依据。

三原色墨等量混合得到的不是真正的灰色和黑色，而是红棕色，需要对三者的混合比例做适当改变，适度地增加青色比例、减少品红色比例和黄色比例，校正其偏色的形象，以得到真正的灰色和黑色（这是灰平衡的实质）。

图 4-48 中的第一行是三原色等量叠印的灰色和黑色，存在明显的偏色现象；第二行是适当增加青色的比例、降低品红色和黄色的比例，使视觉效果接近于真正的灰色。由此可知，当三原色数量相等时，灰色效果不平衡；想要达到灰色效果平衡，三原色数量一定不相等，须满足青色含量高于品红色和黄色。

图 4-48　三原色等量混合及灰平衡处理后效果

在印刷生产的具体操作中，如何控制青色增加多少、品红和黄色减少多少，单靠目测无法做出准确的判断。因此，在印刷过程中，若想做到准确的灰平衡设置，必须在测量打样稿的油墨密度后，根据所测得的数据确定，在印前进行针对性的校正设置。一般可以通过印刷网纹色谱和求解灰平衡方程式得到，无论选用哪种方法，数据都是基于特定的印刷条件和材料的印刷适性而定的，所以一定要重视印刷条件和印刷材料适性，确保灰平衡数据的准确。

练一练

利用 Photoshop 软件，获取灰平衡数据，如图 4-49 所示。Photoshop 的处理方法如下：设定好油墨和纸张类型，用灰度图方式创建一个渐变的灰梯尺，然后对油墨、纸张等做出选择，分色时设定不生成黑版的方式，就可以在分色后获得一组灰平衡数据。按这组数据设置的灰色块，将来印刷的效果基本不会产生偏红棕色的现象，视觉效果上基本能达到灰平衡状态。

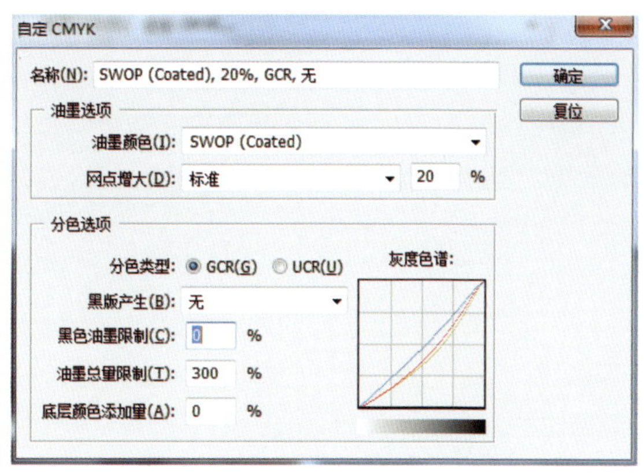

图 4-49　Photoshop 中灰平衡曲线

从灰平衡曲线上可以看出，由于三原色油墨等比例混合得到的颜色偏红偏黄，所以青色油墨用量应高于黄墨、品红墨的用量。因此青色曲线在各层次上都普遍高于品红色和黄色曲线。即三原色墨不等比例混合，且青色墨比例适当提高时，才能获得视觉上的灰色平衡效果。

所以，通常把灰色是否平衡，作为判断整幅图像的色彩复制是否准确的依据。这就是灰平衡的意义。换言之，只要印刷品中的灰色块不偏色，则整幅印刷品就不存在因印刷原因引起的偏色现象。

对比图 4-50 中的 2 幅图，仅目测图像区域是很难分辨是否偏色、偏向哪个颜色的。但通过观察印刷区域下侧的灰梯尺，可判定：左图是灰平衡的图像；右图存在偏青色现象、没有达到灰平衡。

图 4-50　灰平衡影响图片效果

练一练

某环保产品的印刷需要许多棕色（C30M60Y90K20），请写出 2 种不同底色去除工艺（UCR）分色后的棕色成分 C（ ）M（ ）Y（ ）K（ ）或 C（ ）M（ ）Y（ ）K（ ），再写出 1 种使用灰成分替代工艺（GCR）分色后的棕色成分 C（ ）M（ ）Y（ ）K（ ）。

任务六* 新型加网技术

通过前面与网点相关的知识的学习，我们发现调频加网和调幅加网都存在一定的局限性。随着计算机直接制版技术（CTP）的广泛应用，在不增加生产成本和不降低生产效率的前提下，对产品的质量要求越来越高，因此各公司先后研究并推出了多种新的加网技术。

一般而言，各公司推出的新的加网方法普遍采用调幅加网和调频加网相融合的办法，也就是采用调幅和调频混合的方法，但是该加网方法并不是简单地混合在一起，此外也有公司坚持采用改进的调频加网方法。

一、网屏公司的视必达加网技术

视必达（Spekta）加网技术是日本网屏公司于 2001 年开发的一种新的混合加网方法，它能够避免龟纹和断线等问题。视必达加网可以在不影响生产效率以及不改变常规印刷条件的情况下显著地提高印刷质量。如果使用热敏 CTP 版输出，正常 2400 点数 / 英寸的视必加网可以达到高线数加网的同等质量。视必达加网可充分发挥调幅和调频两种加网方式的优点。

视必达加网会根据每个图像的不同颜色密度采用类似调频或调幅的网点。在 1% ～ 10% 的高光和 90% ～ 99% 的暗调部分，视必达采用调频网大小不变的网点，通过变化的网点数量来再现层次。网点的分布根据不重叠和不形成大间隔的原则最优化，这样颗粒效应可被有效地控制。而在 10% ～ 90% 的部分，网点的大小像调幅加网一样变化，而网点的分布和调频加网一样随机变化，这样就不会出现撞网。

对于高光部而言，在 2400 点数 / 英寸的输出精度下，最小网点可小至 10.5μm，但实际印刷时是很难再现的。视必达加网通过合并小网点的方法来解决这个难题。方法是将 2 ～ 3 个小网点合并成一个大一点的网点（21μm 或 32μm），以提高高光区域的可印刷性和稳定性。

用视必达加网在普通的 2400 点数 / 英寸、175 线 / 英寸的条件下可以达到相当于 300 线 / 英寸的印刷精度，而且不需要像高网线数印刷那样非常严格的工艺控制。像调频加网一样，视必达加网的网点分布是随机的，不存在网角，可完全避免莫尔条纹，也可避免因网角产生的在织物、木纹音箱上的“网罩”，可以消除在深灰色区域或黑色区域容易出现的玫瑰斑。该加网法还可使中间调部分的再现更加生动自然。

视必达加网技术直接应用于网屏的热敏制版机，并得到网屏 RIP 和工作流程的支持，从而实现 CTP 直接制版的高质量输出。

综上所述，视必达网点的位置都是随机的，就这点来说它像调频网。在中间调部分，虽然网点的大小可变，但却没有调幅加网的固定中心距和网角。通过将最小点子加大解决了高光部调频网难以印刷的问题，并通过复杂的网点定位及组合技术把层次突变现象降至最低。

二、爱克发加网技术

Sublima 晶华网点加网技术集调幅网点（AM）和调频网点（FM）的优点于一身，被称为超频网（XM）。它是爱克发继水晶网点之后推出的全新的加网技术。

Sublima 加网技术采用调频网点表达亮调和暗调部分，用调幅网点表达中间部分（10% ～ 90%），该方法基本消除了莫尔条纹、玫瑰斑等。当调幅网点向调频网点过渡时，调频网点的随机点延续了调幅网点角度的优势，有效地消除了过渡的痕迹，使网点平滑过渡。

Agfa Balanced Screening（ABS，平衡加网技术）是一款基于 PostScript 的传统半色调筛选系统，可提升打印质量。这包括 4096 种色调，可覆盖高达 200 线 / 英寸的所有屏幕频率，消除莫尔条纹，可呈现高光和阴影中的最大细节以及平滑的中间色调。

为了避免四色产生错网，ABS 在所有网线角度中选择网花最小的四个角度，并且将网点形状改良为圆方网，如图 4-51 所示，当网点大小为 50% 时，网点变化为方形网点，这样可以最大限度地还原亮调和暗调，减少网点扩大。

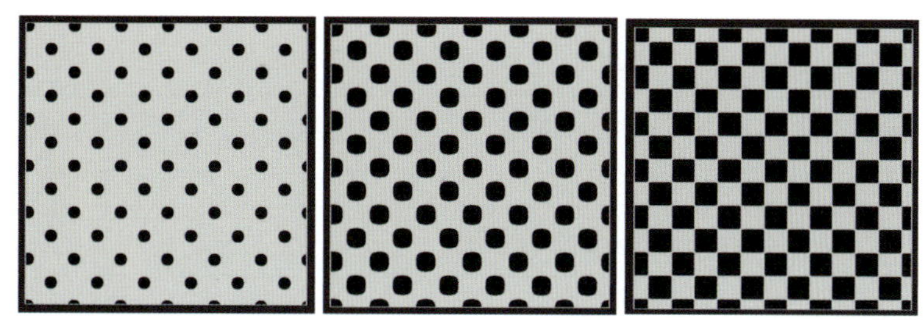

图 4-51　ABS 加网技术网点变化情况

ABS 这种方法的改变是很明显的：肤色和中间调无网花、干净无杂点，暗部阶调表现佳并且能够精确计算网点。

三、克里奥视方佳调频加网技术

视方佳调频加网技术结合了随机加网和传统加网的优点，消除了半色调玫瑰斑、加网龟纹、灰阶不足、色调跳跃等问题。视方佳调频加网技术还提升了印刷机上颜色和半色调的稳定性，在印量极大时仍能保证印刷的品质，辅之以方形光点热敏成像技术的精度和一致性，可以生产出稳定、平滑的色彩。传统一次调频加网中，常常在色彩较少区域出现颗粒等缺陷，二次加网则可以避免这些问题。视方佳调频加网在高光和暗调区域使用一阶调频加网，而在易出现问题的中间调部分使用大小不等的网点，以避免产生平网区域的问题。它的二阶调频加网使用的是一个二次加网的方法。视方佳二次加网以规则的形式集群，能有效减少低频噪声和不稳定性，避免其他调频加网所带来的可见颗粒图案。

拓展

新技术——同心圆加网方式

由艾司科（Esko）公司发明的同心圆加网技术，将传统的圆形网点改变成同心圆环的形式，是加网技术的一场革命。同心圆加网通过对调幅加网进行一定的改进，改变原来调幅加网网点的曝光点，从而使网点呈几个环形小圈。与调幅网点一样，同心圆网点的排列规则不变。可以把网点看作两部分，一部分是曝光圈，另一部分是空白圆。通过设置不同的参数，可以改变曝光圈的厚度。在实际印刷之前，需要测试不同的参数设置来决定最佳的网点设置。

模块五　评价色彩

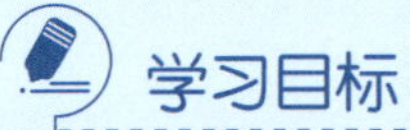
【大国工匠】基本素养

印刷从业人员基本素养：尊重客户、忠于原稿、严于律己、遵纪守法、忠于职守、保守机密。

印刷从业人员的基本素养是多方面的，要热爱自己的工作，具备高度的自律性和自我管理能力，自觉遵守公司的规章制度和操作规程，尽职尽责地完成各项任务。在工作中，需要保持高度的责任心和敬业精神，积极解决问题和应对挑战，确保印刷生产活动的顺利进行。同时，需要严格保守客户的商业机密和隐私信息，不泄露任何敏感信息，不断提升自己的专业技能、职业道德和工作态度，以达到更高的客户满意度，争做企业的优秀员工。

学习目标

知识目标

- 掌握印品颜色的主观评价方法和条件；
- 掌握印品颜色的客观评价方法；
- 理解密度测量与色度测量的必要性；
- 了解同色异谱现象的原理。

能力目标

- 具有对印刷品颜色质量进行简单主观评价的能力；
- 具有能独立使用仪器对印刷品颜色质量进行评价的能力。

趣味一测

某印刷集团公司在不同城市设立印刷厂房，为全国各地提供印刷生产服务，根据各工厂的生产类别分工、区域物流情况合理安排印制任务。假设同样的原稿内容交由5个分公司各印制1000000份，各厂印制的产品颜色是否一模一样？

任务一 主观评价

原稿图像经过印前处理、印刷和印后加工等一系列生产过程变成了彩色印刷品。对生产企业而言，为了保证印刷品的质量，必须在整个印刷复制的过程中，对色彩进行评价和管理，从而指导和控制印刷产品质量，确保色彩的完美再现。

通常将印刷品颜色评价的方法分为主观评价和客观评价。印刷品质量控制的过程中，需具备观察环境、照明光源、观测条件、观测者状态等条件，我们把这种只需要满足条件，评判者根据目测主观印象对印刷品颜色质量做出评价的方法，称主观评价。客观评价是指评判者使用仪器设备进行测量，根据数据对印刷品图像质量进行量化描述的方法。

主观评价不借助仪器设备，完全以人的感觉为依据进行评价，所以不是科学的评价方法，但由于操作简便，方法直观，被印刷操作人员广泛使用。

一、主观评价需要具备的条件

1. 观察环境

在观察印刷品样品和原稿的过程中首先要保证观察环境，避免不同环境颜色对印品观察结果的影响。根据 ISO 3664 的规定，观察面周围的环境色应为孟塞尔明度值为 N6/ ～ N8/ 的中性灰色，其饱和度值越小越好，一般应小于孟塞尔饱和度值的 0.3。

印刷品在红色背景上，背景色会影响观察效果，看起来印刷品颜色有点变深、发红，而在灰色的背景色上，看起来颜色更真实，如图 5-1。因此在印刷企业一般都会配备各式各样的看样台，如图 5-2 所示，将印刷品放置在看样台上来保证观察的背景条件。与此同时，还要注意看样台周围的地面、墙体环境，避免杂乱的环境色对观察印张产生影响。

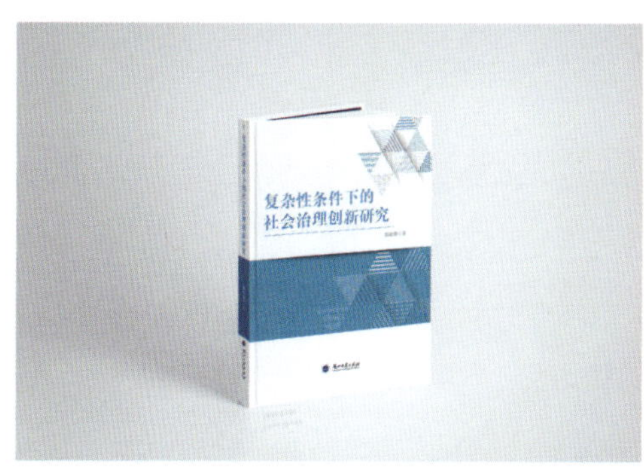

图 5-1　不同颜色背景下印刷品效果对比

图 5-2　看样台

2. 照明光源

光源的色彩质量对印刷品影响很大，一般通过色温和显色性两个因素来衡量色彩质量。印刷品大部分都是不透明物体，所以在观察中尽量采用色温和显色指数标准的照明光源。按照 ISO 3664 标准，印刷行业应采用 D_{50}、D_{65} 的标准光源，色温为 5000K、6500K，显示指数 *Ra*>90，观察印刷品推荐的光源为 CIE 标准光源 D_{50}。与此同时，光源的照度和均匀度也会影响观察结果，照度范围为 500 ～ 1500lx，具体根据观察印刷品的实际明暗情况而定；光源在观察面上产生均匀的漫反射照明，照度的均匀度不小于 75%。如图 5-3 所示，左图颜色比较真实，右图受照明光源的影响，颜色出现偏差。

图 5-3　不同照明光源下印刷品效果对比

3. 观测条件

在观察印刷品的过程中还需要考虑观察角度和光照角度，一般为 0° /45° 或 45° /0°，人眼观察角度与光照角度相差 45°。如果光源垂直照射到印刷品表面，观察者就从 45°方向进行观察；如果光源从 45°处照射到印刷品表面，观察者就从垂直样品表面的方向进行观察，如图 5-4 所示。

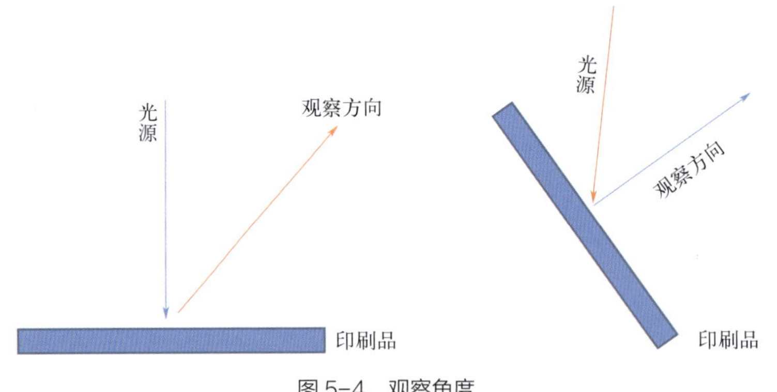

图 5-4　观察角度

4. 观测者状态

观测者生理状态应正常，不宜过喜、过悲，这样有利于对颜色质量进行正确评价。同时，长时间的疲劳作业也会给评价结果带来影响。

二、评价工具

1. 放大镜

大部分印刷品都是通过加网的方式来呈现颜色和阶调变化的，但是无法直接用肉眼辨识，因此，印刷网点的观察必须借助放大镜完成。如图 5-5 所示，印刷放大镜主要用于观察网点的大小、疏密、形状、角度、变形等。印刷机台的操作人员大多使用 15 倍及以上的印刷放大镜，倍数越大观察结果越清晰。

2. 印刷标记

印刷标记一般置于印刷品版心以外的区域，用于检验色彩、网点、阶调等的再现程度。印刷标记具有不同的结构和特点，根据实际应用进行科学设置，主要包括油墨原色色块（CMYK）、双叠印色块

图 5-5　不同放大倍数的放大镜

（RGB）、灰平衡区（不同比例 CMY 叠印得到的深浅灰色）、网目调区、套印标记、裁切标记等。在实际印刷生产中，有经验的印刷操作人员通过目测就可以判断套印是否准确、四色实地密度是否达标、灰平衡是否存在偏色等问题，若印刷品出现了水墨杠、鬼影、印迹脏点、背面蹭脏等质量问题，通过目测即可轻易辨识。如图 5-6 所示，印刷模拟软件 shots 随机抽样，测试样添加各类标记、四色梯尺；在实际生产中，印刷机操作人员随机抽取样张，观察记录结果，对出现问题研究分析，及时调整参数，保证印刷产品的质量。

图 5-6　shots 样张和随机抽样检查

任务二　客观评价

客观评价是指使用仪器设备测量，根据数据比对情况综合分析，得出评价结论的方法。客观评价方法避免主观评价中的人为影响，操作人员根据仪器设备对印刷样品进行测量，得出的结论客观、规范、科学，从而有效提高产品质量，提升企业生产效率。

评价一般通过测量实地密度、叠印率、网点增大、相对反差等参数，对印刷品的颜色质量做客观评价。

一、评价质量参数

1. 实地密度

实地，指印刷品上网点覆盖率为 100% 的部位。密度是衡量物体对光的吸收、反射或透射程度的物理量，通常用 D 表示。实地密度为网点覆盖率为 100% 的部位的密度，代表印刷品上被墨层完全覆盖的部位，通常用密度计进行测量。具体计算公式如下：

$$\text{透射密度}=\lg\frac{1}{\text{透射率}}\qquad\qquad \text{反射密度}=\lg\frac{1}{\text{反射率}}$$

实地密度与墨层厚度关系密切，在一定范围内，墨层越厚，实地密度值越高；墨层越薄，实地密度值越低。我国行业标准中规定了平版印刷品的实地密度范围如表 5-1 所示。

表 5-1　平版印刷品实地密度范围

色别	精细印刷品实地密度	一般印刷品实地密度
黄（Y）	0.85 ～ 1.10	0.80 ～ 1.05
品红（M）	1.25 ～ 1.50	1.15 ～ 1.40
青（C）	1.30 ～ 1.55	1.25 ～ 1.50
黑（K）	1.40 ～ 1.70	1.20 ～ 1.50

2. 叠印率

叠印率，是表示不同墨色之间叠印效果的参数，可以表示后一种印刷的油墨黏附到先印油墨层上的能力。D_{1+2} 为叠印色密度，D_1 为先印墨色密度，D_2 为后印墨色密度。

$$叠印率=\frac{D_{1+2}-D_1}{D_2}\times 100\%$$

油墨叠印率高，色彩还原性能好；叠印率低，则色彩还原再现的范围就会缩小。在实际的印刷过程中，不同的叠印顺序对叠印率影响很大，因而造成色彩还原的差异。

3. 网点增大

在印刷生产过程中，油墨在印版与压印滚筒之间转移，需要压力的作用，印版上的油墨是液体，在压力的作用下必然会出现网点变形与扩大。网点在设备传递过程中必然会发生变化，网点的增大直接导致图像的反差丢失、图像细节层次和清晰程度的改变。为了有效控制网点变化，使印版上输出的网点大小接近于原稿上的网点信息，建立网点反补偿曲线来控制网点增大量。我国对印刷网点增大制定了相关标准，数据如表 5-2 所示。

表 5-2　网点增大率

色别	精细印刷品的网点增大率	一般印刷品的网点增大率
黄（Y）	8 ～ 20	10 ～ 25
品红（M）	8 ～ 20	10 ～ 25
青（C）	8 ～ 20	10 ～ 25
黑（K）	8 ～ 20	10 ～ 25

4. 相对反差

反差是指图像暗调处与亮调处的明度差别。相对反差是指某种色墨的实地和非实地部位的密度差与实地密度的比值，又称 K 值。

$$K=\frac{D_s-D_t}{D_s}$$

式中，D_s 表示实地密度；D_t 表示非实地部位的密度。一般选择 70% 或 80% 的圆网点作为 K 值的参考区域，因为该部位网点增大现象最为严重，该区域的网点增大后实地部位密度的相对反差减小，最容易发生层次并级和糊版。

K 值的取值范围在 0 ～ 1 之间，K 值偏大，图像中暗调区域层次较好，亮调区域可能会差一些；K 值偏小，亮调区域层次较好，暗调层次相对较差。对于一般印刷品和精美印刷品相对反差范围如表 5-3 所示。

表 5-3　一般印刷品和精美印刷品相对反差范围

色别	精细印刷品的 K 值	一般印刷品的 K 值
黄	0.25 ～ 0.35	0.20 ～ 0.30
品红、青、黑	0.35 ～ 0.45	0.30 ～ 0.40

二、密度测量法

目前，基于密度的质量评测技术是印刷品质量控制的主要手段之一，密度计用于测量印刷品的网点密度和实地密度。密度测量法指借助密度计客观测量和评价印刷品颜色质量的方法。一般可以测量原稿、分色胶片、印刷品上实地和网点区域密度，根据测量材质透明和不透明，可以将其分为透射密度计和反射密度计。

1. 透射密度计

透射密度计用来测定透明原稿和胶片的密度。透射密度计用于测量光线通过透明介质的光通量，以此来得出透射密度，如图 5-7 所示。

以阳图胶片为例，阳图胶片的密度大小表示图像颜色的深浅，图像颜色越深，密度越大；相反，图像颜色越浅，密度越小。

2. 反射密度计

反射密度计用来测定反射原稿的密度，主要用于测量各类原稿、打样稿、印刷品的密度。反射密度计用于测量光线到达印刷品反射的光通量，以此来得出反射密度，如图 5-8 所示。

以原稿图像为例，密度越小的部位吸收的光线越少，反射的光线越多，表现为饱和度低、明度明亮的颜色；密度越大的部位吸收的光线越多，反射的光线越少，表现为较暗或饱和度高的颜色。

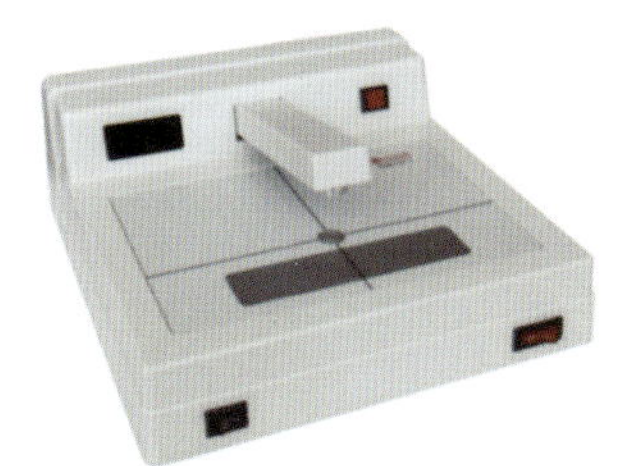

图 5-7　透射密度计

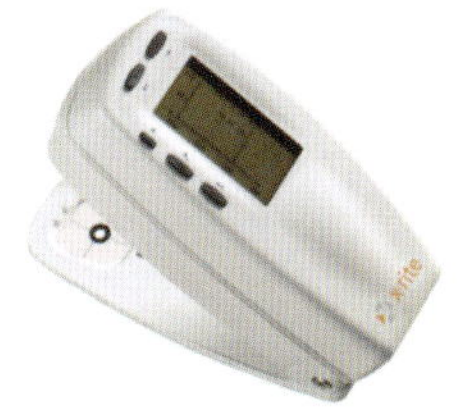
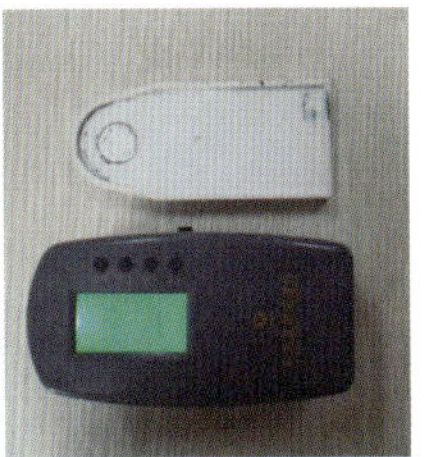

图 5-8　反射密度计

三、色度测量法

密度测量一直是传统印刷测量中最常用的方式，但密度计在颜色和客观评价的过程中还是具有一定的局限性，所以，在印刷品的检测和评价中，基于色度的测量越来越重要。

色度测量基于光源光谱能量分布、物体表面反射性能及人眼观察视觉相一致等特性，因此，它是一种定性、定量科学测量颜色的方法。色度计通过直接测量样品表面得到光谱三刺激值 X、Y、Z 或色度参数 L、a、b，还能测量色差。分光光度计测量样品颜色表面对可见光谱各波长色光的反射率，能够准确获得该颜色的分光光度曲线。现在各生产企业使用较多的有 X.Rite 爱色丽系列分光密度计、TECHKON 特强分光光度仪等，如图 5-9 所示，该仪器设备都具有测量色差、色度、反射光谱曲线、色密度等功能。

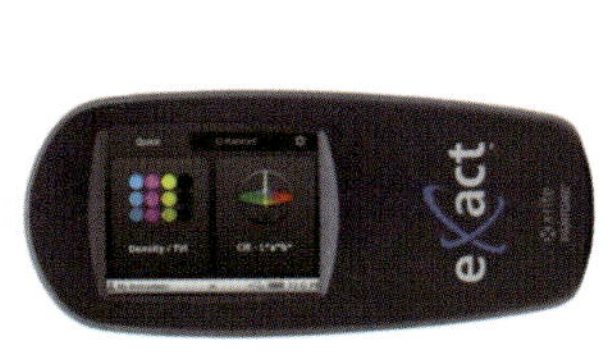

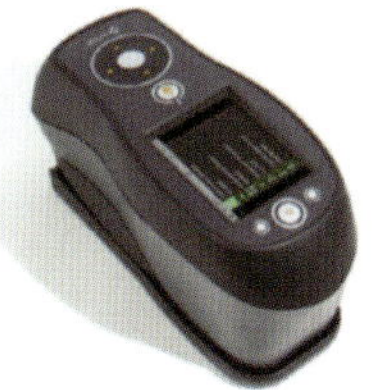
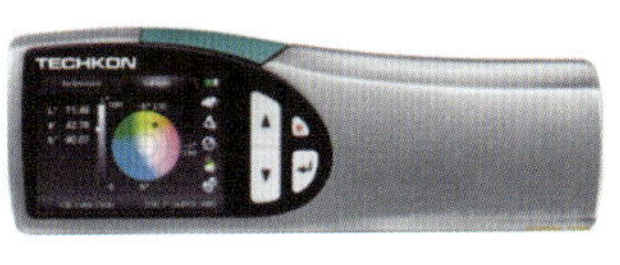

图 5-9　色度测量法使用仪器

拓展

1971 年 CIE 推荐了四种用于反射样品颜色测量的标准照明和观察几何条件。①垂直 /45°，符号为 0/45，如图 5-10（a）所示。光源垂直于样品表面，照明光束的光轴与样品法线之间的夹角不能超过 10°，在样品表面法线成 45°±2°角的方向上测量。照明光束和测量光束的任一光线与其光轴之间的夹角不应超过 8°。②45°/垂直，符号为 45/0，如图 5-10（a）所示。照明光束的光轴与样品法线之间的夹角成 45°±2°角，测量方向的光轴和样品法线之间的夹角不应超过 10°。照明光束和测量光束的任一光线与其光轴之间的夹角不应超过 8°。③垂直/漫射，符号为 0/d，如图 5-10（b）所示。照明光束的光轴和样品法线之间的夹角不超过 10°，从样品反射的光辐射通量用积分球收集。照明光束的任一光线与其光轴的夹角不超过 5°，积分球的直径可以任意旋转，但其开孔的总面积不应大于积分球总面积的 10%。④漫射/垂直，符号为 d/0，如图 5-10（b）所示。通过积分球漫射照明样品，样品法线和测量光束的光轴之间的夹角不超过 10°。积分球的直径可以任意旋转，但其开孔的总面积不应大于积分球总面积的 10%。从样品反射的光辐射通量用积分球收集。照明光束的任一光线与其光轴的夹角不超过 5°。

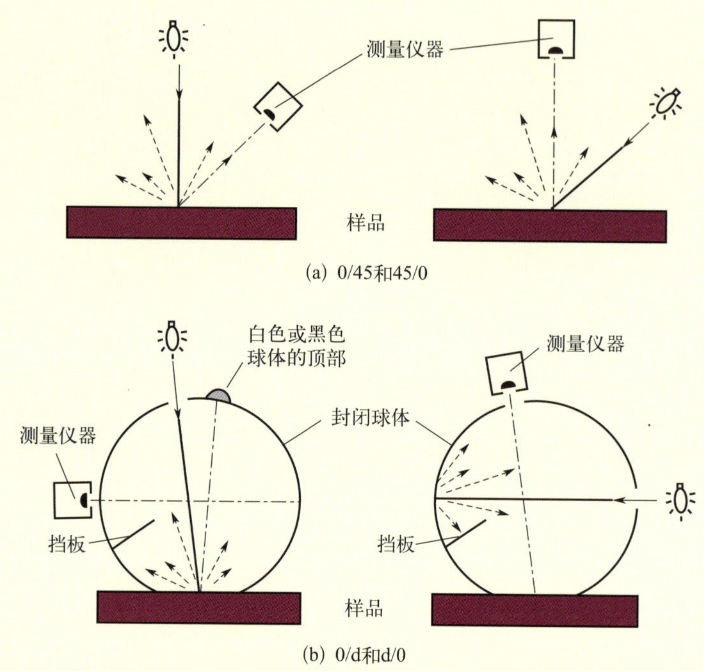

图 5-10　反射样品测量的标准照明和观察几何条件

对于透射样品的颜色测量，CIE 推荐了三种标准照明和观察几何条件。①垂直/垂直，符号表示为 0/0，如图 5-11（a）所示。照明光束的光轴与样品法线的夹角不应超过 5°，照明光束的任何光线与其光轴之间的夹角不应超过 5°，测量光束的几何结构与照明光束相同。放置样品时，只让规则部分的光辐射进入探测器，在该条件下测得的透射比称为“规则透射比 τ_r”。②垂直/漫射，符号表示为 0/d，如图 5-11（b）所示。照明光束的光轴与样品法线的夹角不应超过 5°，照明光束的任何光线与其光轴之间的夹角不应超过 5°。用积分球收集半球形透射的光辐射通量，积分球内壁

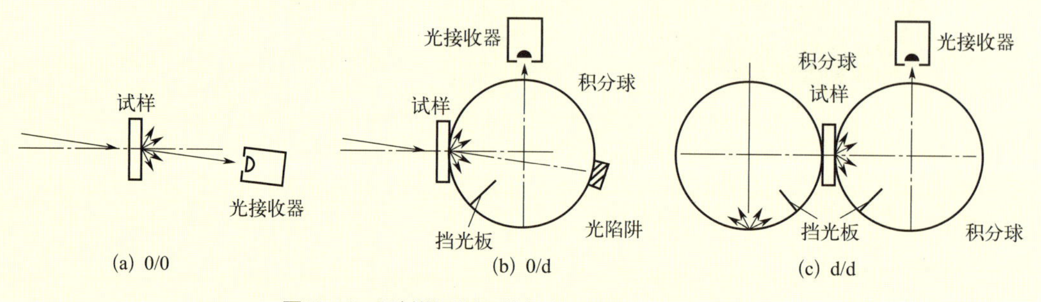

图 5-11　透射样品测量的标准照明和观察几何条件

的反射比应该一致，此时获得的测量值称为“全透射比 τ”；如果在积分球上设置光轴陷阱，可以消除规则透射部分光辐射通量的影响，在该条件下测得的透射比称为“漫透射比 $\tau_{0/d}$”。③漫射 / 漫射，符号表示为 d/d，如图 5-11（c）所示。用积分球对样品进行漫射照明，并用另一个积分球收集透过样品的光辐射通量，在该条件下测得的透射比称为“双漫透射比 $\tau_{d/d}$”。

任务三* 同色异谱

一、同色异谱色

一个非荧光材料的颜色取决于它的光谱反射率或光谱透射率。一般情况下，可以通过对物体的光谱分布曲线的直接观察判断两个物体是否为同一颜色。如果两个物体在特定照明和观测条件下具有完全相同的光谱分布曲线，那么无须进行色度计算，就能肯定它们无论在任何光源下和任一标准观察者条件下都会是同样的颜色，这种现象就称这两个物体的颜色为同色同谱色。

但是，如果两个物体的光谱反射率曲线或透射率曲线比较复杂，变化多而且曲线多次交叉，那么就很难直观看出两者的颜色是否有差异；如果有差异，又是什么样的差异。很可能，它们在某种光源下由特定的观察者观察时是相同颜色，也就是说，两个样品所反射的光谱成分不同，而颜色却互相匹配，通过色度计算，它们有相同的三刺激值，这时两个颜色叫作同色异谱色。因而，同色异谱色指对于特定标准观察者和特定照明体，具有不同光谱分布而有相同三刺激值的颜色。粗略地讲，就是颜色外貌看起来相同，但光谱组成并不相同的颜色。比如，两种外观看起来一致的黄色光，分析其光谱组成，可能会发现，其中一种是黄色单色光，而另一种是由红光和绿光两种成分混合而成的复色光。

根据格拉斯曼定律，不管光谱组成是否一样，只要在视觉上对颜色三属性的感觉相同，就可以认为是相同的颜色，可以相互替代。也就是说，人们的眼睛只能根据颜色刺激中的红、绿、蓝原色的数量感知颜色的色相、明度和饱和度的属性，不能感知颜色刺激的光谱组成。正是由于这个特性，我们可以利用颜色混合的方法来产生所需要的颜色，进行彩色复制。通过这种方法得到的颜色可以具有相同的颜色感觉，但不一定具有相同的光谱分布。

二、满足同色异谱色的条件

同色异谱颜色又称为条件等色，是指两个色样在可见光谱内的光谱分布不同，而对于特定的标准观察者和特定的照明来说具有相同的三刺激值的两个颜色。

$$\begin{cases} X=\int_{\lambda}\phi_1(\lambda)\bar{x}(\lambda)\mathrm{d}\lambda=\int_{\lambda}\phi_2(\lambda)\bar{x}(\lambda)\mathrm{d}\lambda \\ Y=\int_{\lambda}\phi_1(\lambda)\bar{y}(\lambda)\mathrm{d}\lambda=\int_{\lambda}\phi_2(\lambda)\bar{y}(\lambda)\mathrm{d}\lambda \\ Z=\int_{\lambda}\phi_1(\lambda)\bar{z}(\lambda)\mathrm{d}\lambda=\int_{\lambda}\phi_2(\lambda)\bar{z}(\lambda)\mathrm{d}\lambda \end{cases}$$

式中，$\phi_1(\lambda)$ 和 $\phi_2(\lambda)$ 是两种颜色的色刺激函数；$\bar{x}(\lambda)$、$\bar{y}(\lambda)$、$\bar{z}(\lambda)$ 是光谱三刺激值。但 $\phi_1(\lambda)$ 和 $\phi_2(\lambda)$ 可能存在不同的照明体、相同照明体下的两个不同物体色刺激和不同照明体下的两个不同物体色刺激值。

通常所说的同色异谱颜色是指相同照明体下的两个不同色刺激的物体色。在这种情况下两个物体是由相同的照明体所照明，而“异谱”则是两个物体的光谱反射率曲线的差异。由此可见，满足同色异谱是有条件的，所有的同色异谱颜色都是指在特定的照明条件下和特定的标准色度观察者光谱三刺激值条件下的同色，只有满足这个特定的条件它们才有可能具有相同的三刺激值，一旦其中某个条件发生改变就有可能破坏了同色异谱条件，原来相互匹配的颜色就有可能不再匹配。因此，同色异谱颜色又称为颜色的条件匹配。

同色异谱色在彩色复制技术中，具有非常重要的理论和实际意义。可以说没有同色异谱现象的存在，彩色印刷根本不可能实现。同色异谱是彩色印刷复制的理论基础，因为在实际生产中，复制品所用的色料不可能与样品的色料完全相同；即使是同一颜色的同一样产品，若先后生产时间不同，所用的颜色色料与配方，也可能有很大差别。用不同的色料与配方复制同样的颜色，即使达到颜色的条件匹配，其光谱反射（透射）率曲线也可能不同。例如，彩色印刷原稿种类很多，有彩色反转片、彩色照片、油画、水彩画等，各种原稿色料不同，而印刷复制时所用的色料只有黄、品红、青、黑四色油墨及纸张的白色，所以说彩色印刷完全是利用同色异谱颜色来对原稿的丰富色彩进行复制。

练一练

提供四个色样进行色彩比对，置于标准光源 D_{50} 和 2°视场标准色度观察者条件下观察，发现①②④的颜色表现相同；置于照明体 A 和 2°视场标准色度观察者条件下观察，发现①③④的颜色表现相同。请分析表 5-4中色样之间是否存在同色异谱和同色同谱关系？

表 5-4　同色异谱关系判断

色样	属于同色异谱	属于同色同谱	无法判断
①和②			
①和③			
①和④			
②和③			
②和④			
③和④			

模块六　色彩管理

【工匠精神】爱岗敬业，勤奋学习

爱岗敬业是人生价值的重要体现之一，干一行，爱一行，热爱自己的本职工作，恪尽职守地做好本职工作，专注于印刷领域，不断提升自己的专业技能和知识水平。通过不断学习和实践，更好地掌握技术，提高印刷效率和质量，为客户提供更优质的服务。

印刷工匠丨浙江美浓世纪集团有限公司莫正戎，他在烟包印刷企业生产过程中立足岗位、脚踏实地，通过不断学习和钻研，开辟出一条独特的道路，为公司的发展作出了杰出贡献。

学习目标

知识目标

- 理解色彩管理的意义和必要性；
- 掌握色彩管理系统的概念；
- 熟悉显示器、数字印刷机软件色彩管理的方法和步骤。

能力目标

- 具有分析印品，与客户沟通交流的能力；
- 具有能正确选择设备进行色彩管理的能力；
- 具有根据印品对接相应部门协调解决问题的能力。

趣味一测

客户通过显示设备确认清样并签字，可是最后收到印刷品时却发现颜色有差别，如图 6-1 所示，可以明显感知到色差。企业员工跟客户怎样解释都无法解决，最后还因此闹上法庭，你知道是怎么回事吗？

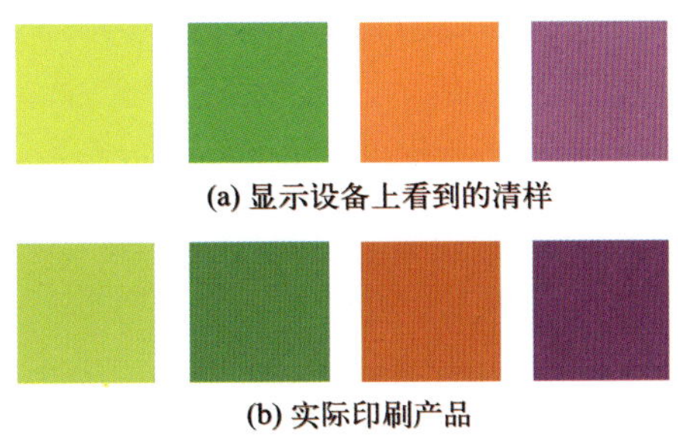

(a) 显示设备上看到的清样

(b) 实际印刷产品

图 6-1　清样与实际印刷产品上颜色的差别

二维码 6-1

如图 6-2 所示，我们发现同一张原稿图像在不同的设备中显示效果不一样。这是因为数码相机、扫描仪、显示器使用的是 RGB 颜色模式，打印机、印刷机是 CMYK 颜色模式，这两种色彩模式的色域是不同的，能表示的颜色有差别，即使都是屏幕显示，也可能存在颜色差异，所以颜色在设备间转换就会发生变化，出现不一样的效果。

(a) 投影实际显示效果

(b) 手机拍摄电脑屏幕显示效果

(c) 电脑屏幕显示桌面效果

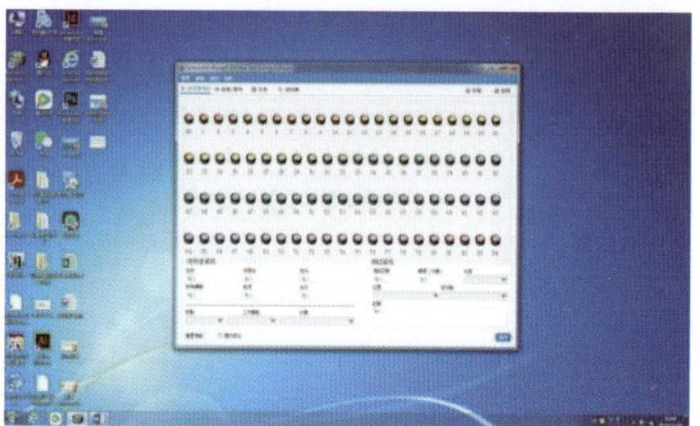

(d) 电脑屏幕显示其他内容效果

图 6-2　不同设备的显示效果

色彩管理是传统色彩复制在印刷生产数字化中的新拓展，其目的就是实现“所见即所得”。色彩管理是现代印刷工艺流程中最重要的技术之一，人们对色彩管理也越来越重视。

任务一　色彩管理基础

色彩管理就是运用软、硬件结合的方法在生产系统中自动统一地管理和调整颜色，以保证在整个复制过程中色彩的一致性。色彩管理所要解决的根本问题就是实现不同输入设备间的色彩匹配，包括扫描仪、数码相机等；实现不同输出设备间的色彩匹配，包括数字印刷机和传统印刷机；实现不同显示器之间显示颜色的一致性，并使显示器能够准确输出成品颜色。在色彩信息获取、处理和再现时，尽可能保持视觉效果或色彩测量结果的一致，最终实现从扫描输入到印制输出的高质量的色彩匹配。

一、印刷色彩管理系统

20 世纪 90 年代早期，Adobe、Agfa、Electonics for Imaging、Kodak、Pantone 等许多公司都开发了色彩管理系统，但是各公司所使用的特征性文件都不能被其他公司和软件使用，限制条件较多，从而使得色彩管理系统变得非常复杂。

1993 年由 Adobe、Agfa、Kodak 等公司发起组成了国际色彩联盟（International Color Consortium，ICC），其工作主旨是适应开放式印刷系统、电子出版及网络出版发展的需要，将色彩管理概念从 Macintosh 扩展到 Windows 和 UNIX 系统的计算机上，建立广泛适用的开放的色彩管理体系，即生产厂家的设备可以任意组合为一个完整的色彩复制系统，这种设备组合的任意性和独立性，形成了一个开环系统。

色彩管理系统是指对彩色复制整个流程不同环节的设备进行统一管理，控制和调整设备间颜色的差异，使得颜色在各设备间传递时尽可能保持一致、稳定的结果。

CIE *Lab* 色空间具有与人眼视力相当的色域范围，包含 RGB 和 CMYK 色域中的所有颜色，可以作为两种颜色模式设备转换的中间桥梁。色彩管理就是把设备的特定色彩空间转换到与设备无关的 CIE *Lab* 颜色空间中，由 CIE *Lab* 颜色空间对颜色进行解释和转换，以适应其他设备的色彩空间。

ICC 色彩管理系统框架由一个与设备无关的色彩空间、设备色彩特性文件、色彩管理模块三部分组成。

1. 一个与设备无关的色彩空间

与设备无关的色空间也称为连接特性文件的色彩空间或参考色空间，通常使用的设备独立色彩是以 CIE *Lab* 或 CIE *XYZ* 等方式来表示的。

2. 设备色彩特性文件

设备色彩特性文件记录各种设备及材料表现颜色的数据信息，不同的设备表达颜色的特性文件都不一样。通常将印刷流程中涉及的设备分为三类：输入设备、输出设备、显示设备。特征性文件的建立包括校准和设备特性化，同时将特性化结果以规定的颜色模式和存储格式记录为 ICC Profile 文件。

3. 色彩管理模块

色彩管理模块（color management module，CMM），解释描述设备特征性文件，并根据特征性文件完成色彩复制过程中颜色数据转换和传递。无论是操作系统还是专门的色彩管理软件都提供相应的 CMM。由于各设备的色域有所不同，因此不可能在各设备间有完美的色彩匹配，色彩管理模块选择最理想的色彩执行色域的匹配。

二、常见的色彩管理系统

目前较为成熟的色彩管理系统有苹果的 Apple ColorSync2.0、2.1（CMS）色彩管理系统，柯达的 Kodak Precision CMS（Kems）色彩管理系统，爱克发的 Agfa FototuneFlow 色彩管理系统，海德堡的 LinoColor5.0、6.0 版色彩管理系统等。其中苹果公司的 Apple ColorSyne 是目前使用最广泛的一种。

Apple ColorSync 色彩管理软件是基于苹果机 Mac OS 操作平台设计的，采用了 LinotypeHell（海德堡）的高素质色彩匹配技术。ColorSync 系统包括三个组成部分：一个色彩描述文件、色彩匹配方式（CMM）、应用软件界面。它的功能是利用色彩特性文件进行从输入到显示以及从显示到输出的颜色匹配，校准、检验和调整工作环节中每台设备的颜色特性，使各个环节的色彩达到一致。实际上现在 ColorSync 已经成为色彩管理系统的一个标准，目前，大多数生产色彩管理设备的厂家都使用 ColorSync 软件连接图像处理软件 Photoshop 来处理扫描的图像，然后输出，制作分色胶片。

ICM 色彩管理软件。现在微软也注册了与苹果相似的色彩管理技术 ICM2.0 系统，在个人计算机的平台上可以利用 ICM 色彩管理软件来进行设备的色彩管理，使 PC 机也可参与色彩管理。

三、色彩管理的实施步骤

色彩管理的实施步骤可概括为：设备校正（calibration）、设备色彩特性化（characterization）、色彩转换（conversion），通常简称为“3C”。

1. 设备校正

是指将设备调整到最佳或标准的状态，这是色彩管理流程的前提条件。

2. 设备色彩特性化

设备校正之后，通过各种软件工具测量相关设备复制的颜色数据，将设备表达颜色的复制特性和色彩范围以文件的方式记录下来，生成设备的颜色特性文件。

3. 色彩转换

利用色彩管理模块 CMM 读取颜色特性文件，实现设备相关颜色空间（*CMYK*、*RGB*）与设备无关的颜色空间（CIE *Lab* 或 CIE *XYZ*）之间的相互转换，来完成色彩管理的具体实施和运用，最终实现不同设备颜色之间的转换。

以显示器显示颜色到打印输出的颜色传递过程为例。这里关联到两个设备，每个设备都有自己特有的颜色表现特性，可由其特性文件 Profile 表征。若要使显示的颜色准确地打印出来，在色彩管理方式中，需要首先将显示器的设备颜色控制值 *RGB* 转换为对应显示的视觉颜色 CIE 色度值，再看这个颜色若由打印机输出，需要这个打印机怎样的颜色控制值 *RGB* 或 *CMYK*。只要正确地得到这个打印机控制值，原则上就实现了这个媒体链颜色的准确传递。不难看到，这个过程中需分别应用两个设备的 Profile 文件。前一个的 Profile 文件，将其 *RGB* 值转换为对应的显示色 CIE 色度值；后一个则是应用打印机的 Profile 文件，将该 CIE 色度值转换为需要的该打印机设备颜色值 *RGB* 或 *CMYK*。

任务二 显示器的色彩管理技术应用

老师将讲课的 PPT 画面联机投屏到全班同学的电脑屏幕上，左看看、右看看，为什么有些电脑的颜色显示相同，有些电脑的颜色显示却不一样？印刷行业的朋友常说，在电脑上设计的图片颜色，与印刷公司打样和印刷后的结果存在颜色偏差，为什么会出现这样的问题？

为了颜色在复制过程中能够准确还原设计原稿的色彩，做好显示器的色彩管理是首要任务，为了让显示器的显示效果与打样、实际印刷生产效果接近程度更高，就必须对显示器进行调校。当前，企业都需要显示设备完成印刷样稿的软打样，可是大部分企业显示设备除了出厂机器的调校外，一般不再进行其他设置，在印刷生产中，数字化图文信息和处理后的版面都必须经过显示设备呈现，然后才进行软打样和后期印刷，所以显示器的色彩表现力不容忽视，尤其是数字印刷生产中更为明显。

以 EyeOne 配套软件和普通 LCD 显示器为例，进行显示器校正与颜色管理。在校正前，需要清洁屏幕，连接 i1 的 USB 接口，连接 i1 校准软件，选择当前显示器类型。具体步骤如下。

一、调校显示器

1. 设定参数

操作前需要设定显示器的目标参数，包括白点、亮度、伽马（Gamma）值。

白点实际上是色温值，通过设置白点可以决定显示器上模拟光线的质量。如果模拟标准灯箱的光源，可以选择 D_{50}；如果模拟正午的日光，可以选择 D_{65}；如果偏向于较冷的日光可以选择 D_{75}。通常设定为 6500K。

显示器亮度设定范围为 80 ～ 250cd/m^2，在较明亮的采光条件下可以选择较高亮度，在较低采光条件下可以选择低亮度。一般 LCD 普通显示器设定范围是 80 ～ 120cd/m^2，专业显示器甚至可以达到 200 ～ 250cd/m^2，显示器亮度根据标准工作环境下的情况进行调节，但是为了匹配周围白点和亮度，根据白点测量中的亮度进行设定，建议采用 120cd/m^2 的普通设置。

伽马值用于定义中间调的亮度，补偿显示器呈现亮度和人眼感受亮度之间的差异，使图像亮度显示符合人眼观测需求。苹果电脑通常伽马值设定为 1.8，而 Windows 系统通常默认为 2.2，通过两个平台标准化，实际操作时伽马值一般设定为 2.2，如图 6-3 所示。

2. 校准 i1 仪器

将仪器放置于校准板上，打开参考白色的滑块，将 i1 放置在上方，点击校准按钮，指示灯闪烁，校准开始，如图 6-4 所示。

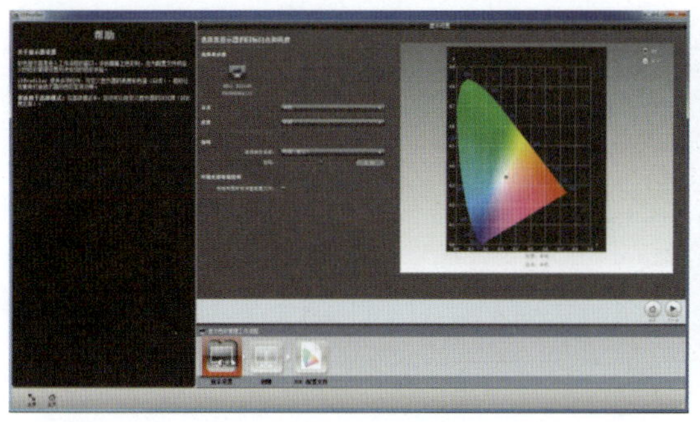

(a) 对应显示器设置界面

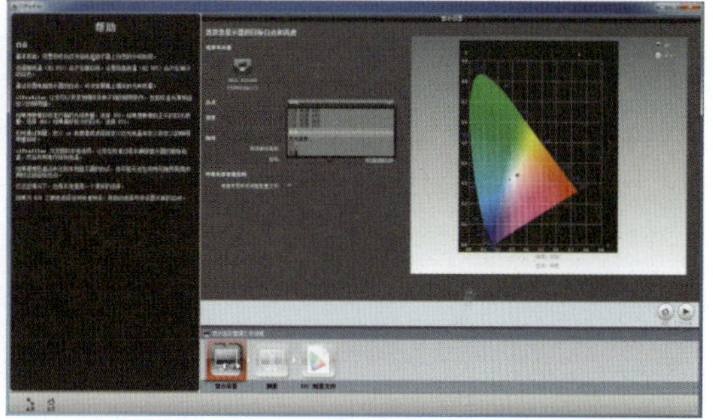

(b) 白点参数设置

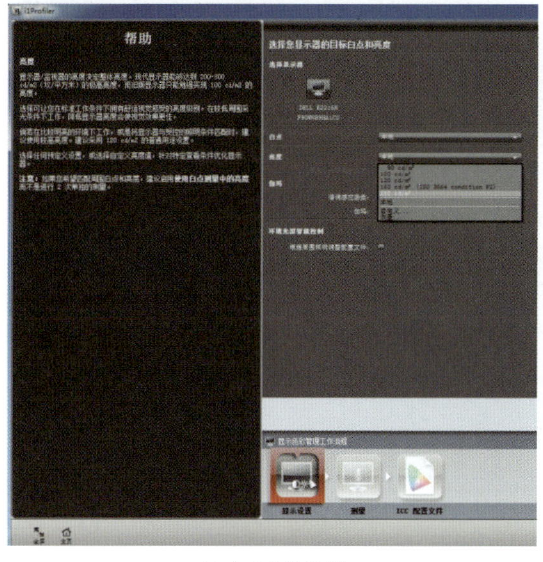

(c) 亮度参数设置

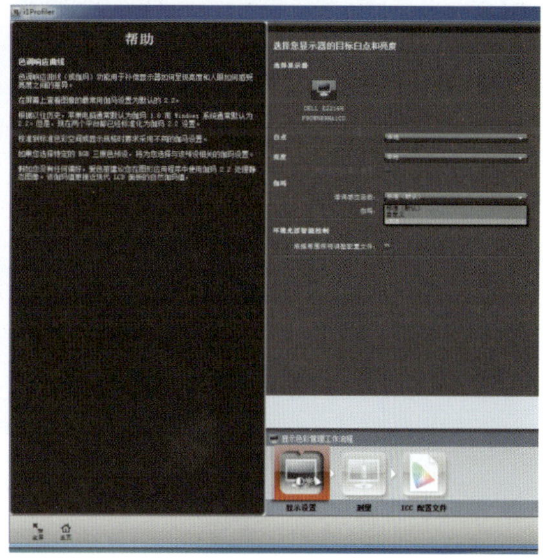

(d) 伽马值参数设置

图 6-3　调校显示器参数的设定

二、测量色块生成特征性文件

1. 放置仪器

将 i1 悬挂在屏幕前方，与显示屏幕紧密贴合，进行颜色测量。

2. 测量色块

逐一测量软件系统内置的标准测色图表中的色块，如图 6-5 所示。

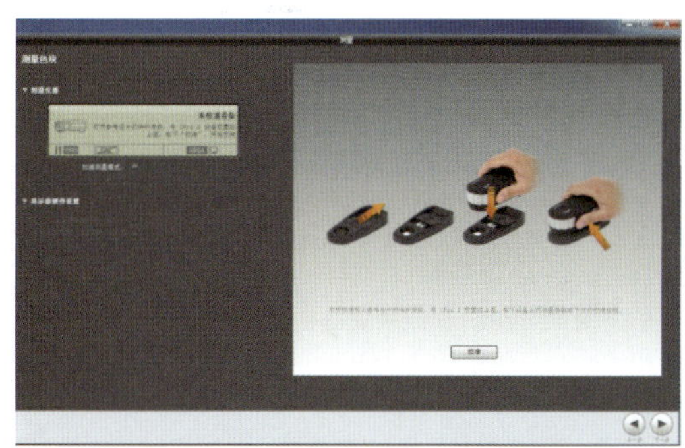

图 6-4　仪器校准

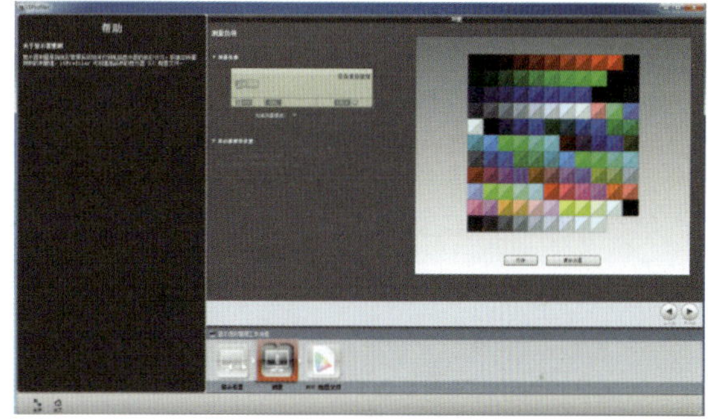

图 6-5　色块测量

3. 生成、保存特征性文件

软件根据测量的颜色参数和标准值进行比较得到显示器的特征性文件，创建并保存色彩特征文件 ICC Profile，如图 6-6 所示。

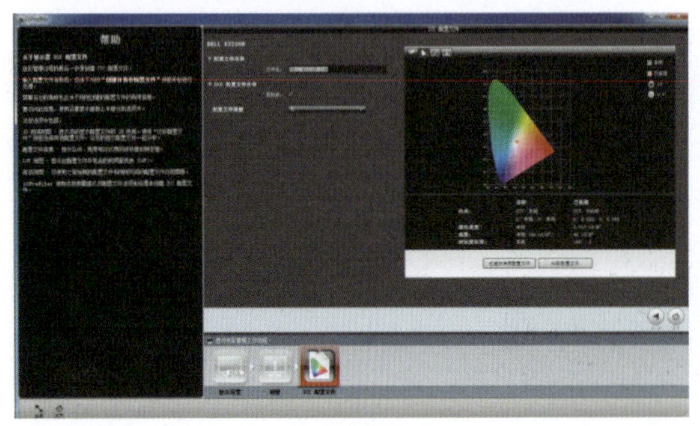

(a) ICC特征性文件建立

(b) ICC特征性文件颜色模型

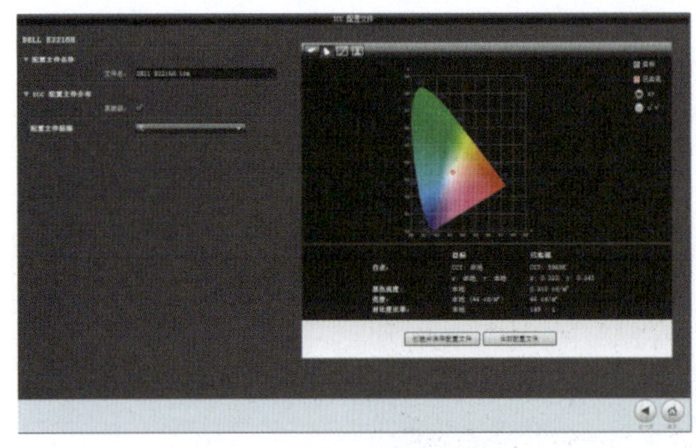

(c) 目标与实际的参数比较

(d) 曲线图

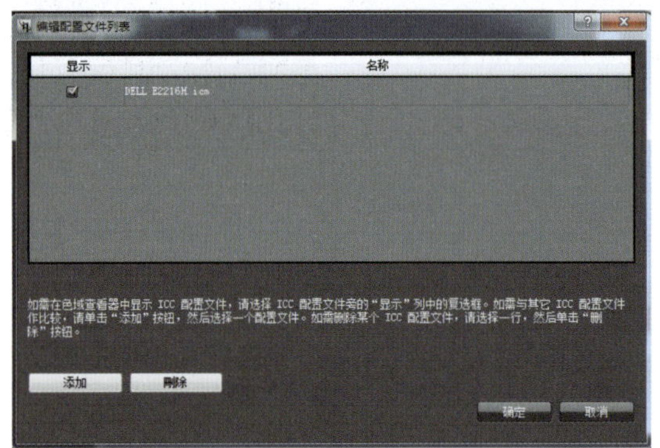

(e) 配置文件列表

图 6-6　特征性文件生成

4. 调用特征性文件查看结构

调用 ICC 配置文件，查看印刷颜色已实现的情况，通过屏幕比较应用特征性文件前后的效果，如图 6-7 所示。

(a) ICC配置前

(b) ICC配置后

图 6-7　配置 ICC 前和配置 ICC 后效果比较

任务三 数字印刷机的色彩管理技术应用

数字印刷机因其自身成像特性，容易受到湿度、温度等一系列因素的影响，为了稳定设备工作状态，保证色彩完美再现，机器设备日常维护是首要任务。其中包括工作环境湿度、温度控制（一般工作环境温度为20～30℃，相对湿度为45%～65%），按工作流程进行开关机、机器设备特性的检查（墨粉、机器相关特性参数定期观察记录），每批次打印前打印清洁样张，每批次打印进行参数记录和标准样张的留存等，如图6-8所示为海德堡 Versafire LP 数字印刷机。

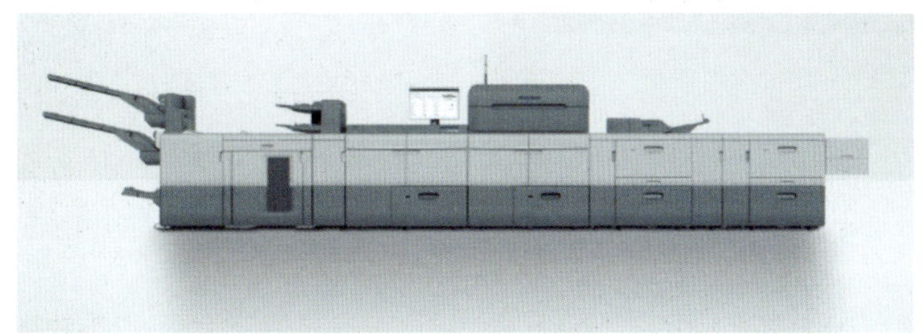

图6-8 数字印刷机

一、设备的校准

校准就是将设备调校到最佳状态，因为设备性能好坏有差别，所以需要保证设备的稳定性。同时，还需要考虑到校准使用纸张的特性，同批次印刷任务最好使用同一品牌、同一批次相同定量的纸张，一般在实际印刷生产中纸张多采用铜版纸。下面就以海德堡 C7200X 为例，选定打印机纸盒中纸张类型对各项参数进行设置。

校准，规定每天做一次，一般最少打印三张测试样张，选择中间或最后一张，在测试样张下铺设两三张同类型打印纸，避免其他因素干扰。校准样张上包含 CMYK 梯尺色条从 0 ～ 100% 共 21 级。

校准测量仪，驱动 i1Pro 按 C、M、Y、K 的顺序逐一测量色条，应用数据进行设备线性化工作。在实际应用中建议将经常使用的纸张类型参数进行定义，在后续使用过程中，如果还是相同纸张类型，每次使用的过程中只需要找到相应的数据，进行循环校准。

二、特性化

在整个印刷工艺流程中，每一种设备使用不同的色空间表达需要复制颜色的相关特性，选择文件的方式将设备表达色彩的特性的信息记录下来，作为不同设备之间色彩转换的依据，包括输入设备特性化、显示设备特性化和输出设备特性化，特性化过程中会根据设备的类型生成相应的印刷特性文件，现在许多设备都自身带有部分 ICC Profile 特征性文件，用户可以直接调用，但是对于数字印刷设备而言，不稳定的因素较多，所以需要根据不同印刷品，生成特性文件。

制作特性文件的软件有 ProfileMaker、ScanOpen ICC、LinoColor 等，不同设备配套的软件不一样，但是最终的目的都是建立特性化曲线。海德堡 C7200X 选用 Color Toolbox 软件完成特性化曲线的创建。首先，利用设备打出一份标准样张，在此选择 ISO/12642-2/ECI 2002，该样张满足所有半色调印刷工艺的四色印刷颜色需求，根据样张进行手动或自动测量；随后，测量文件需要选择对应测试表格类型，设置相关参数；在颜色测量侧视图选择仪器类型，进行连接、校准，用分光光度计测量由 C、M、Y、K 组合成的 1458 个色块，结束后保存 .txt 文件；最后，计算特性文件选择设置印刷过程参数，包括流程技术、纸张属性、UCR/GCR 等参数，生成新的 ICC 特征性文件。

下面以 Color Toolbox 软件为例，如图 6-9 所示，进行特性化曲线创建，具体操作如下。

(a) 测量

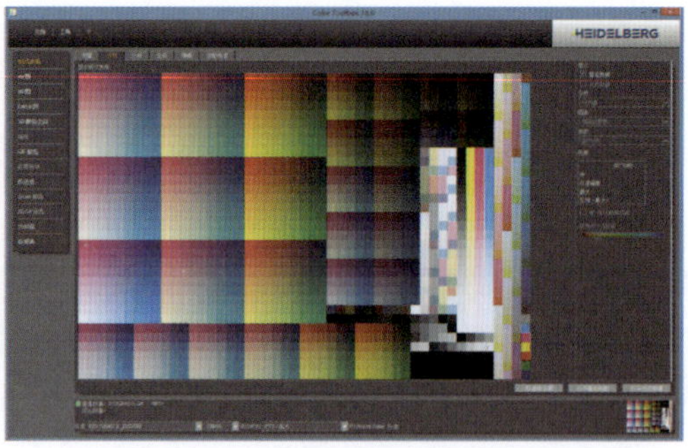

(b) 比较

(c) 分析

(d) 生成

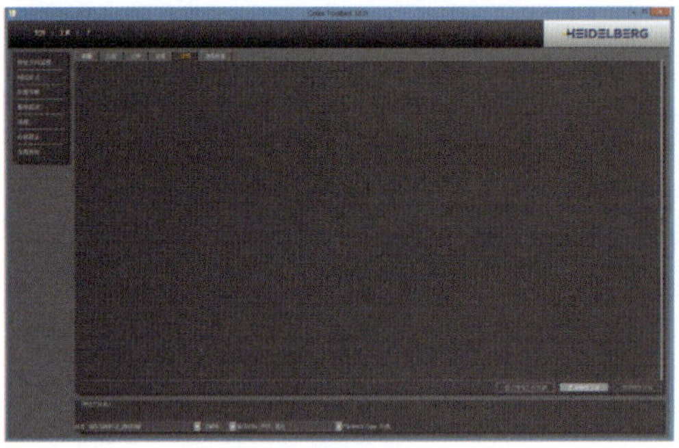

(e) 编辑

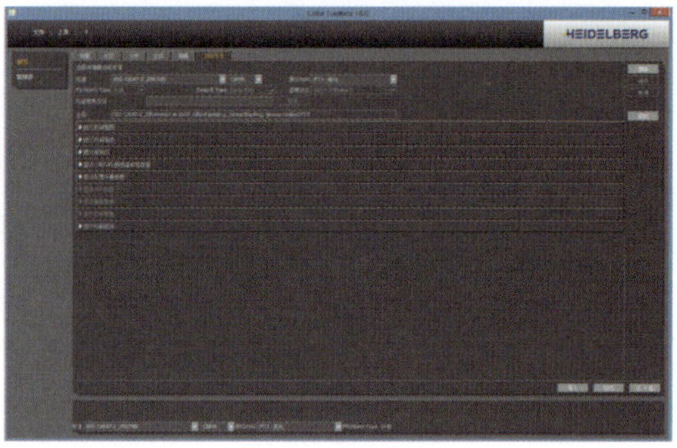

(f) 流程标准

图 6-9 Color Toolbox 操作界面

该软件主要分为测量、比较、分析、生成、编辑、流程标准六个模块。

首先，将 EyeOne 分光光度计与电脑连接，如图 6-10 所示，选择测试表格类型，根据实际情况选择，此次选择 ISO 12642-2/ECI 2002 标准色标文件。

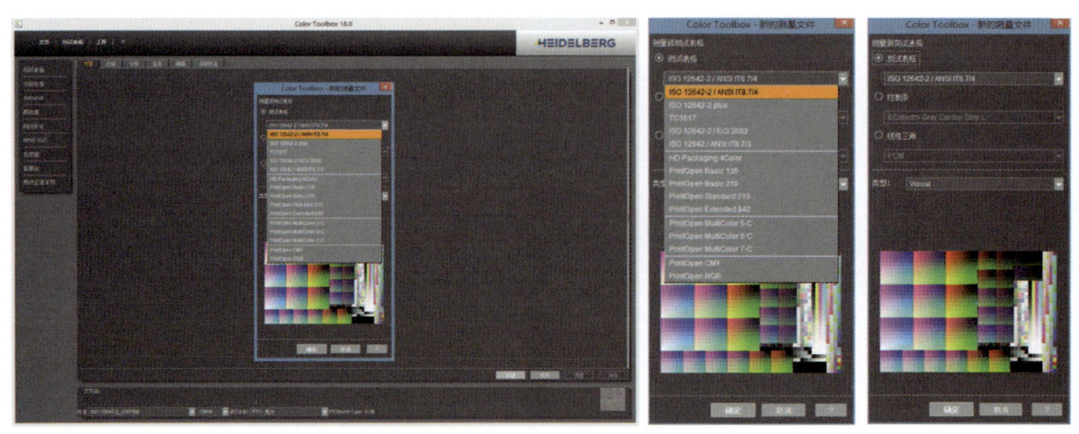

(a) 测试文件选择

(b) 选择ISO12642-2/ANSI IT8.7/4测试文件

图 6-10 分光光度计连接电脑

调试连接设备 EyeOne，包括校准、检查等一系列操作，如图 6-11，保证接下来的操作顺利进行。校准是将仪器放置在仪器自带的参考白板上进行操作。

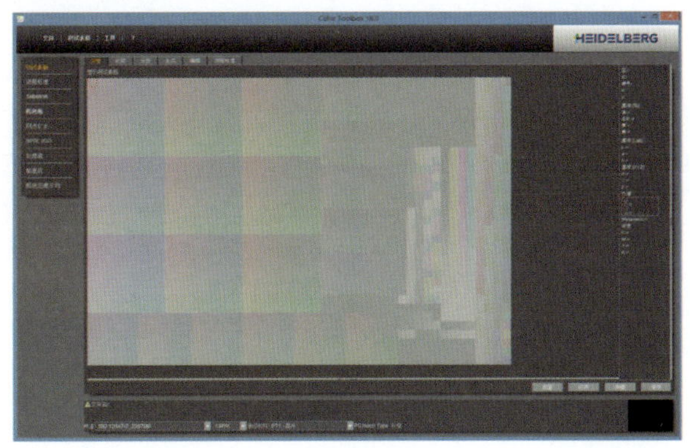

(a) 显示测试表格

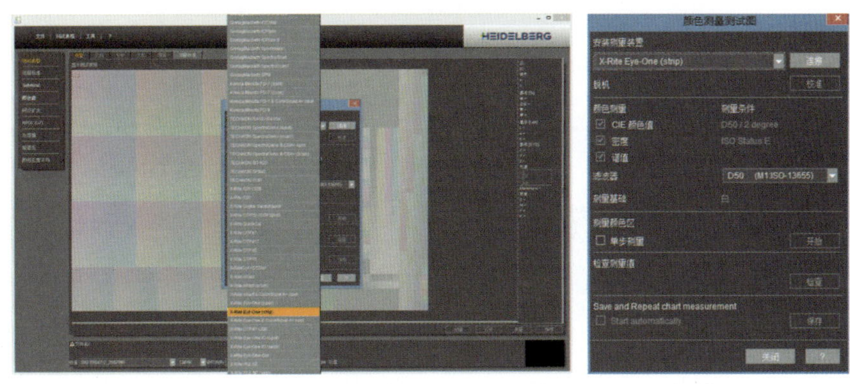

(b) 测量仪器选择　　(c) 连接、校准仪器

图 6-11　校准

测量标准数据。利用 EyeOne 和滑轨测量 ISO 12642-2/ECI 2002 标准数据，如图 6-12 所示，根据字母逐行扫描。

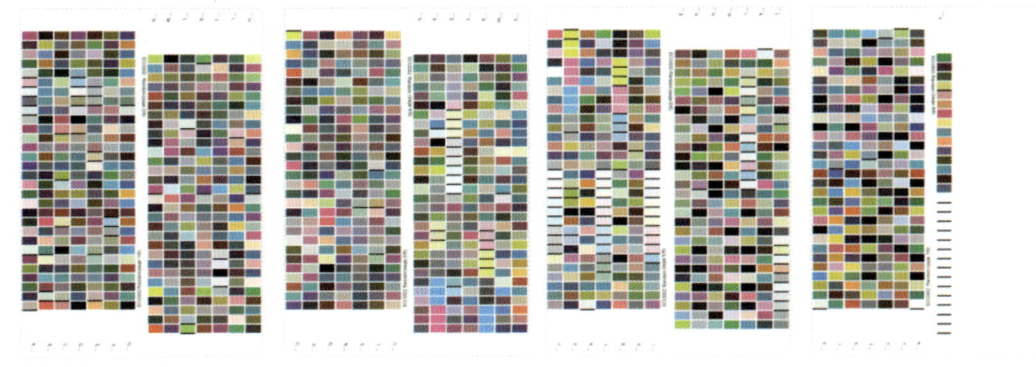

图 6-12　ISO12642-2/ECI 2002 标准数据

最后，保存数据生成特征性文件。

三、转换

在印刷数字化工作流程的数字印刷模块中，选择颜色设置功能，将特征性文件调入印刷的工作流程中进行活件的印刷输出，该活件就能应用 ICC 色空间完成印刷生产。要进行同类任务的印刷，可以建立组模板，选用相同的特征性文件进行批量生产，从而通过数字印刷过程标准化的调控来进一步提高效率、提升印刷质量。

任务四 印前处理软件的色彩管理技术应用

印前处理是印刷工艺流程中不可或缺的一部分，当前常用的印前处理软件都有色彩管理功能，但在实际应用中利用率很低，常用的 Photoshop、Illustrator、InDesign、Acrobat、方正飞翔等各类图像、图形、排版软件都可以在处理页面对象时，对其进行色彩管理；同时在生成和处理 PDF 文件时也可以进行色彩管理。

下面以 Photoshop 为例进行介绍。Adobe Photoshop 软件在进行色彩管理时，一般都包含工作空间、色彩管理方案、转换选项、高级控制四个功能，在进行图像处理时应注意：①提示信息设置，客户提供的图像原稿信息中是否嵌入颜色特性文件要通过提示信息来确定，否则盲目地进行处理，会导致后期颜色无法完美再现，按照颜色设置功能框中的内容，对配置文件不匹配和缺少配置文件进行正确选用；②工作空间选择，用于设定原稿的工作色彩空间，为每个色彩模型指定配置文件。常用的 RGB 工作空间有 Adobe RGB（1998）、Apple RGB、ColorMatch RGB、ProPhoto RGB 和 sRGB IEC61966-2.1 几种，为了让颜色尽可能多地呈现出来，一般选用空间色域较大的 Adobe RGB（1998）进行颜色空间转换，完成印刷图像的分色处理（图 6-13）。

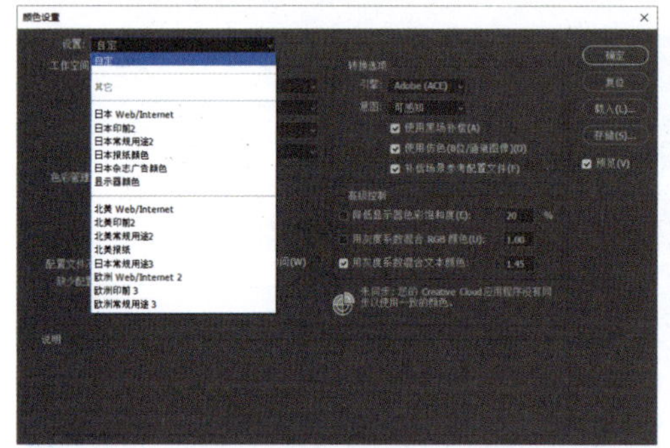

(a) 名称设置

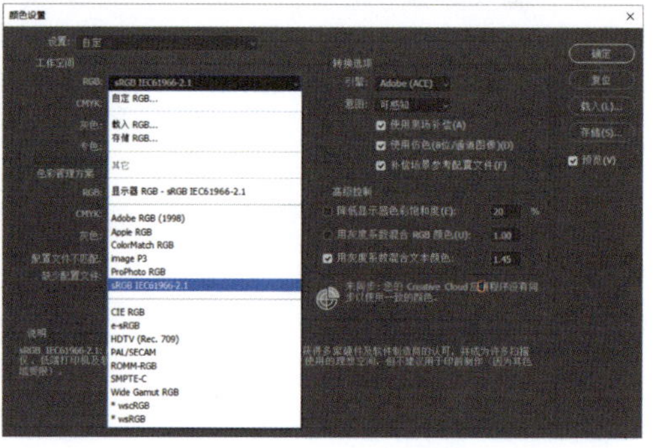

(b) RGB工作空间选择

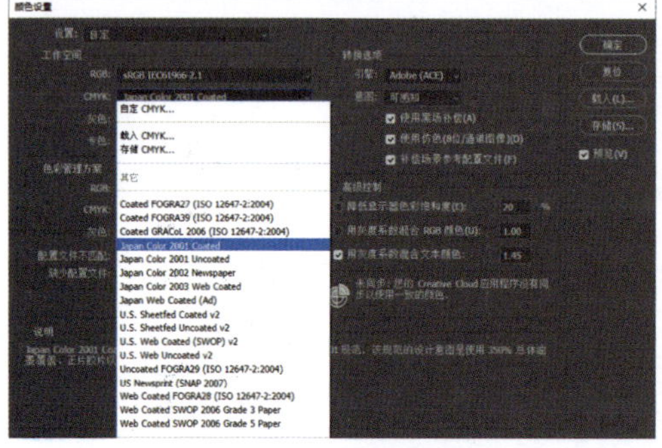

(c) CMYK工作空间选择

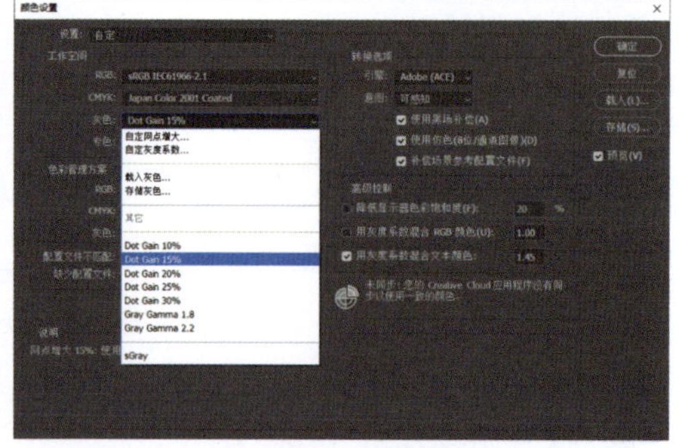

(d) 网点增大、灰度系数

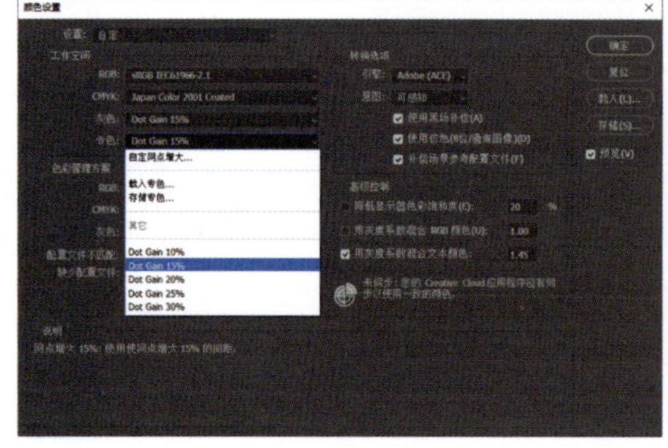

(e) 专色

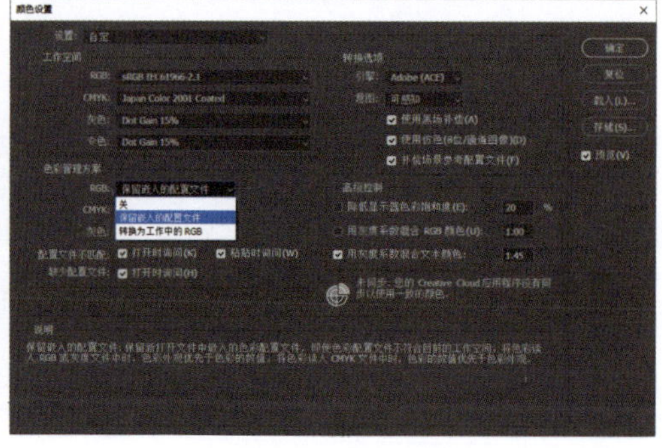

(f) RGB色彩管理方案

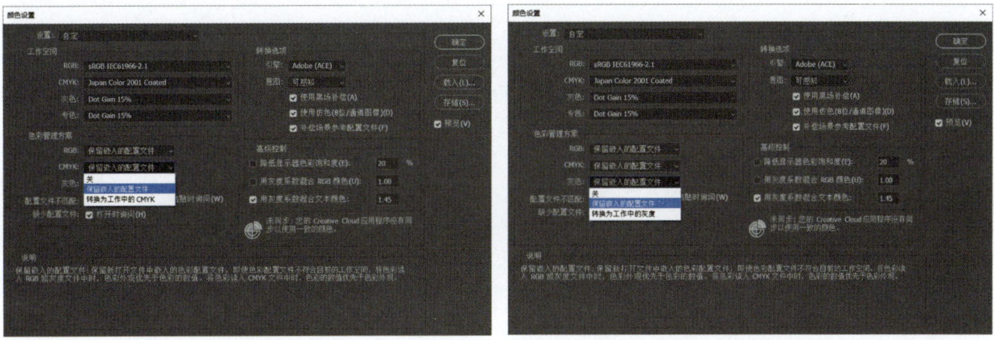

(g) CMYK色彩管理方案

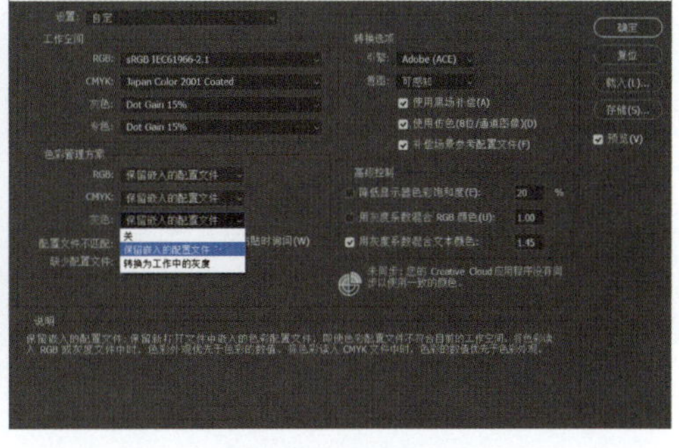

(h) 灰色色彩管理方案

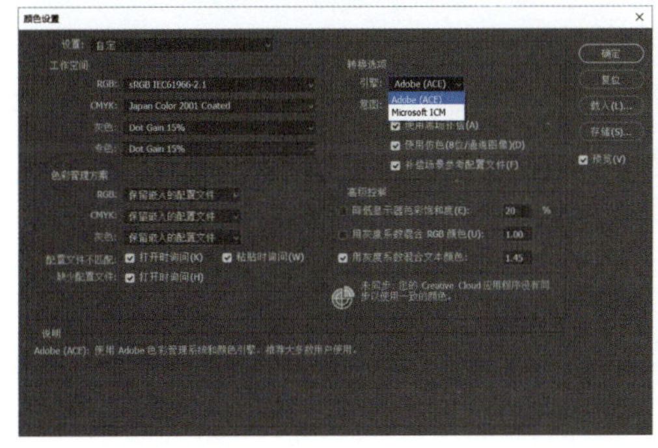

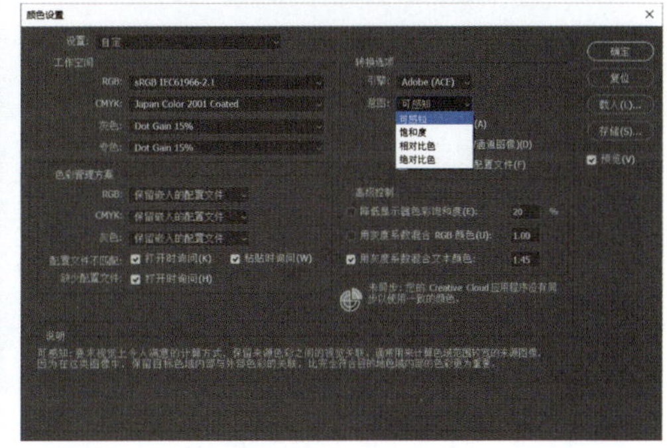

(I) 转换选项设置

图 6-13　Adobe Photoshop 软件进行色彩管理参数设置

模块七　色彩体验

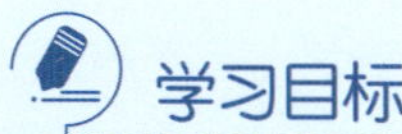

【工匠精神】树立正确价值观

树立正确价值观对每个人都是至关重要的，通过坚定理想信念、践行社会主义核心价值观、勤奋学习、提高自身素质、遵守法律法规、维护社会公正以及培养健康的生活方式和心态等，逐步树立正确的价值观。同时，作为大学生需要不断地自我反思、自我调整和自我完善，为未来的人生道路奠定坚实的基础。

印刷工匠 | 湖南天闻新华印务有限公司彩印分公司符志良，他在推进数字化和智能化转型升级等方面表现突出，主持研究多项设备维护更新的课题；从一名普通工人成为享受国务院政府特殊津贴的高技能人才，深耕行业、砥砺奋进。

学习目标

知识目标

- 掌握色料三原色、间色、复色和专色的概念；
- 理解色料减色混合规律、互补规律和专色配色原则；
- 掌握专色油墨调配的意义和调配方法；
- 掌握色度测量仪器的使用方法和操作步骤；
- 了解颜色测量的原理及几何条件；
- 了解印刷油墨颜色质量的评价方法。

能力目标

- 具有能正确选择油墨颜色进行专色油墨调配的能力；
- 具有利用原稿和分色图特征，判断印版色别的能力；
- 具有使用仪器设备进行色度参数测量的能力。

任务一 色觉训练

色觉训练是利用人的主观判断，理解人眼对颜色感觉的三个属性，掌握主观颜色分辨与排列。人眼的视网膜上分布着锥体细胞和杆体细胞。锥体细胞只能在光线明亮的环境中发挥作用，人眼在白天可以感受到亮度和色彩的刺激，清晰辨认物体的颜色和细节。光线一旦昏暗或者到了晚上，锥体细胞就会失去作用，转由杆体细胞取代，杆体细胞只能感知亮度，不能感知色彩，所以在光线较暗的情况下只能分辨物体的轮廓和明暗。明视觉对 400nm（紫色）和 700nm（红色）附近的色光感受性很低，而对 555nm 的黄绿色部位最敏感；暗视觉对 510nm 的蓝绿色部位最敏感。

本任务针对“模块一 认识色彩”的知识设定，为学生提供 FM100 色相测试色棋、标准光源、电脑，以实现主观辨识颜色、色块渐变排序的目的。

FM100 色相测试色棋（全称 Farnsworth-Munsell 100 Hue Test），由四个色匣组成，每个色匣中的第一颗和最后一颗棋子位置是固定的、中间的棋子均可取出移动，总共盛放着 85 颗可移动的彩色棋子，棋子的颜色依照色相递增方式变化，横跨整个可见光谱，每个棋子底部标有相应色相的序号。

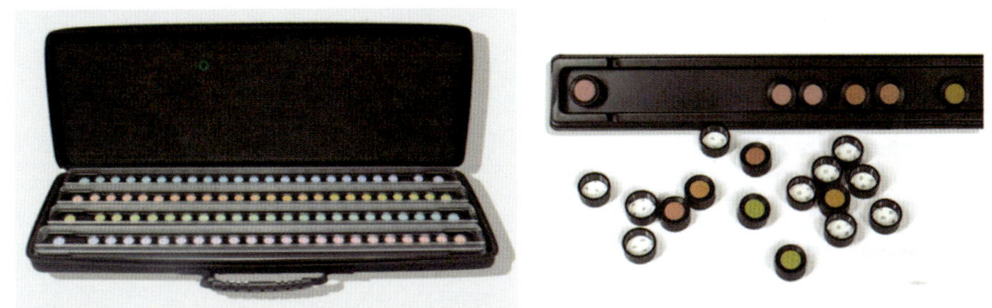

图 7-1 FM100 色相测试色棋

（1）将任一色匣置于标准光源下，打乱色棋顺序（第一颗棋子和最后一颗棋子的位置固定、用作色序参考），如图 7-1 所示。让学生根据人眼观察判断并移动中间的棋子，按照颜色变化排列棋子位置，计时 2min，评价主观颜色视觉能力。每个学生的色觉辨识能力是不一样的，通过四个色匣的完整排序，可以判别人眼对不同色系的辨识准确度。

（2）利用色棋的配套软件 FM100 评分系统（图 7-2），将学生的色棋排序结果输入系统，显示色觉辨识指标，数值越小，说明该测试者的色觉辨识能力越好。通过针对性训练，提高色彩视觉能力。

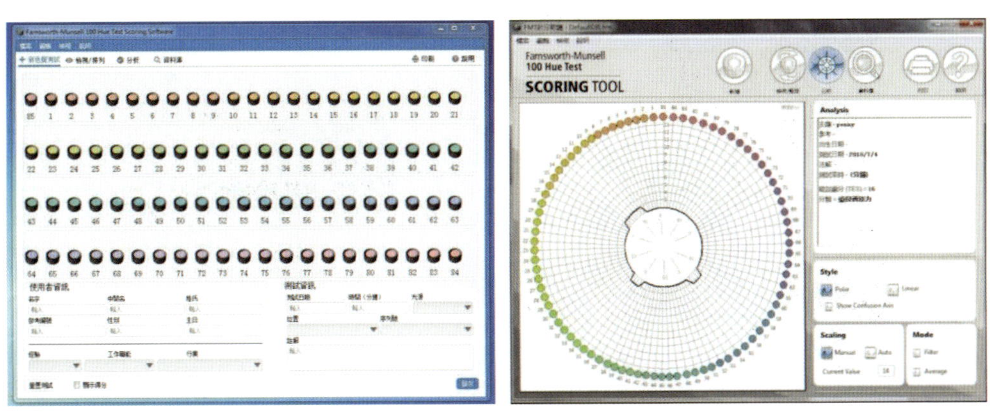

图 7-2 FM100 色相测试色棋评分系统

通过色棋实物排序和软件评分操作均可以观察色块，但是二者的呈色机理不同，色棋属于色料法表色，屏幕属于色光法表色，彼此存在色差，不能混淆比色。也可以登录色彩挑战与色觉测试的相关网址进行色彩挑战与色觉测试，如图 7-3 为网站界面，可以在线进行测试，显示分数。

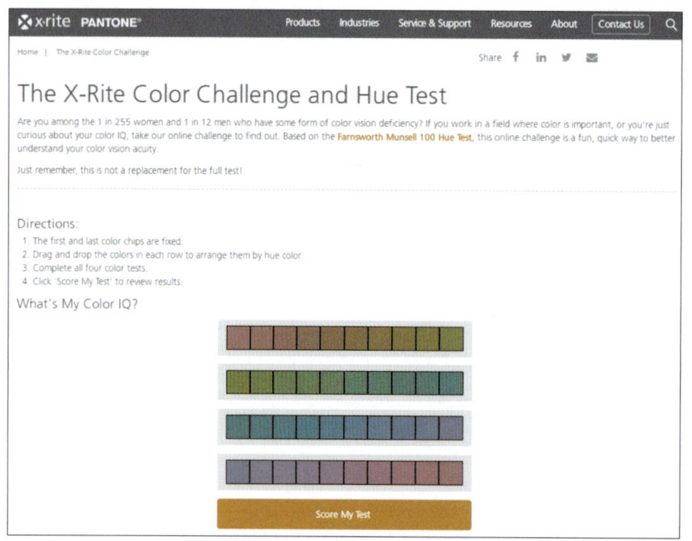

图 7-3　在线测试系统

任务二　油墨调配

油墨调配是专色印刷的前提，根据包装印刷品原稿特点与客户实际需求，有些专色是利用不同原色油墨提前调配出特定颜色的油墨，有些专色是按照色号购买的油墨，以供专色复制使用，在包装印刷领域应用极为广泛。配色的基本原理是以色彩合成与颜色混合理论为基础，以色料调和方式得到同色异谱色的效果。

本任务针对“模块二 色彩混合”的知识设定，为学生提供印刷目标色样、四色胶印油墨、四色织物油墨、冲淡剂、油墨清洗剂、展色仪、油墨定量仪、墨刀、玻璃板、无尘棉布等，如图 7-4 所示，其中印刷目标色样由兰州石化职业技术大学印刷厂提供。专色墨调配被纳入印刷技能大赛的考核项目，掌握该技能对学生就业与职场发展都有益处，许多印刷包装企业和油墨生产企业都需要优秀的调墨师，对新型油墨开发、色彩设计创新、控制彩墨成本起着重要作用。

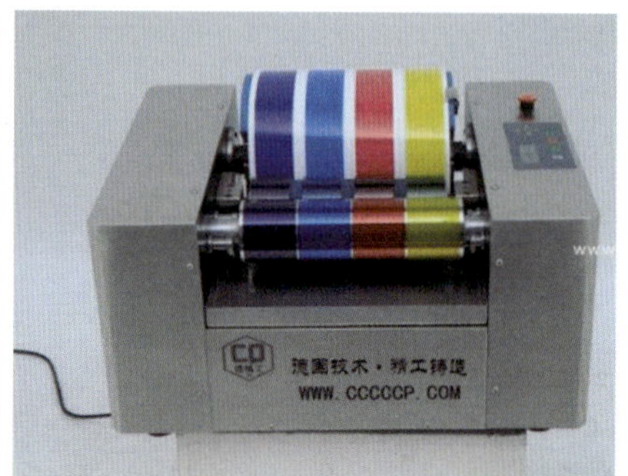

图 7-4　胶印油墨和展色仪

专色油墨根据所选材料的不同，分为深色专色油墨和浅色专色油墨两类，可依照图 7-5 所示的 10 种基本浓色图作为配比参考进行调配。三原色墨（青、品红、黄）两两等量混合，可以得到红、绿、蓝三种间色墨；三间色墨（红、绿、蓝）两两等量混合，可以等到古铜、紫红、橄榄色三种复色墨；三原色等量混合、三间色等量混合、三复色等量混合都可获得黑色。

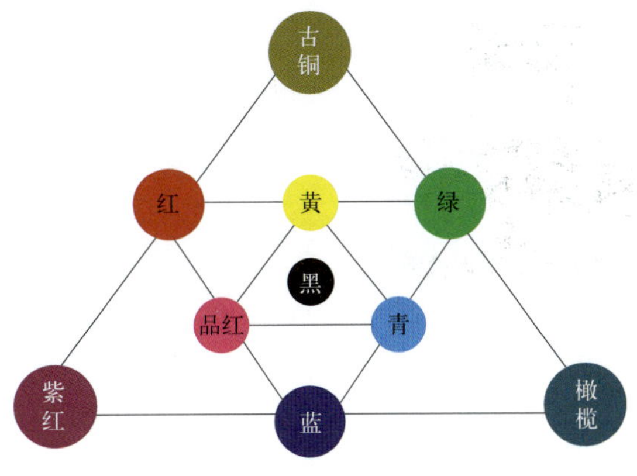

图 7-5　10 种基本浓色图

一、专色油墨调配的种类

（1）深色专色油墨的调配。在实际印刷生产中，仅用原色墨或间色墨调配、不加冲淡剂完成油墨调配，统称为深色专色墨调配，包括间色深色墨和复色深色墨。如：红色墨、绿色墨、古铜色墨调配。

（2）浅色专色墨的调配。在原色墨或间色墨中加入适量冲淡剂或白墨进行调配，称为浅色专色墨调配。

二、专色油墨调配依据

一般情况下，中小型印刷企业采用经验法进行专色油墨调配，但是大型的规范的企业都有专门的调墨车间，采用电脑配色来进行专色油墨调配。但是不管选用何种方式，都会基于经验法的十种颜色的原理。

专色配墨要根据颜色的搭配，利用色料减色混合规律进行分析，适当利用原色墨，并把握好比例，依照样张对待匹配油墨的色相进行调配。

（1）在色调符合要求的情况下，所用油墨的色彩种类越少越容易调配和控制。能采用间色油墨就不采用复色油墨，按照减色法，专色油墨采用的原墨颜色越多其饱和度就会越低，黑色成分就相应增加。

（2）确认印刷品的主色调及所含的辅色调，主色调墨作为基本墨，其他墨作为调色墨，以基本墨为主，调色墨为辅，这样调配专色油墨才会更准确。

（3）调配打样和小样油墨时，尽量使用与印刷所用纸张相同的纸，因为油墨的颜色会随着纸张吸收性的差别等因素而变化。只有保持稳定的纸质，才能避免因纸张不同而造成的颜色误差。

（4）用普通白卡纸打小样或刮样，墨层薄厚会直接影响墨迹的颜色，墨层薄，则颜色浅、亮度高。影响墨色的因素很多，诸如实地或网线、湿压湿或湿压干、喷粉量大或小、纸张表面的平整度及白度、墨层薄或厚等都会引起颜色的差别。

（5）调专色油墨，首先要调出油墨的饱和色相，打出薄薄的小样，确认不缺少主色调和辅色调后，再用冲淡剂调至所需的专色。

三、胶印专色油墨调配流程

调配复色油墨是通过学生的动手能力检验其对印刷色彩学知识的领悟程度。

（1）准备材料、仪器设施：根据工单任务看需要调配的是深色还是浅色专色油墨，需要调配的是上机印刷的大墨样还是小墨样。

材料准备：标准色样、四色油墨，如图 7-6 所示；

仪器设施：爱色丽密度仪 1 台、天平、标准看样台、调墨刀、玻璃板、纸片、抹布等，如图 7-7 所示。

（2）分析色样确定比例：根据所给色样进行分析，确定原色墨颜色，根据十色图原理确定大概墨量。调配比例以从大到小的顺序添加油墨。

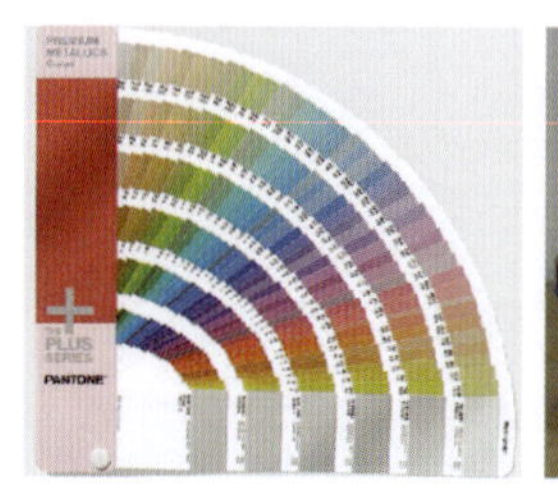

图 7-6　色谱和油墨

图 7-7　调墨工具

（3）适量取墨、调配：分别将原色墨取出，置于玻璃板上，天平进行归零并记录称量数据；调墨至均匀。

注意事项：从墨罐中取墨时，要剔除墨皮，避免墨皮影响最后墨样的质量。同时，取墨时要旋转墨刀，避免墨丝沾染到其他物体，保证台面清洁。

油墨调配过程中，先将主色墨放置于玻璃板，再将辅色墨少量、多次地调入，单手握住墨刀，墨刀按照“8”的路径进行搅拌，直至墨样充分混合均匀，如图 7-8 所示。

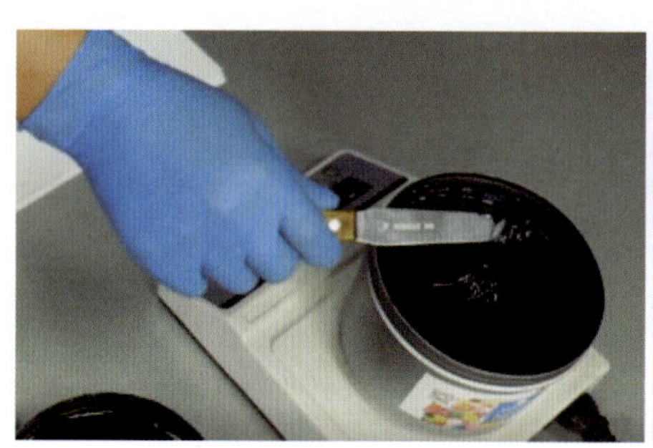

图 7-8　取墨和调配

（4）展色：展色通常分为手工展色和机械展色（图 7-9）。手工展色用刮刀取少量油墨放在纸张上，旋转纸张，用手掌大鱼际进行拍打（也可以用其他方法进行），直至油墨层相对均匀，墨层厚度接近实际印刷墨层厚度。机械展色利用油墨展色仪器进行，通常选用 IGT 展色仪完成。

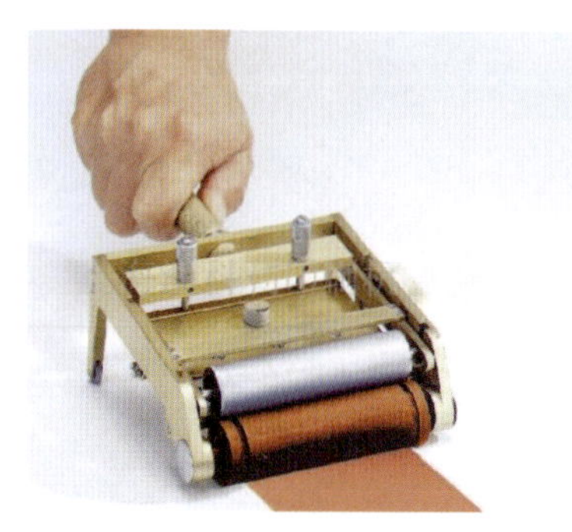
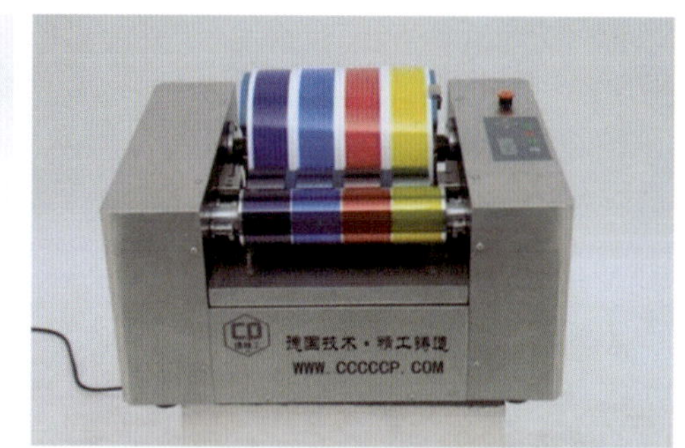

图 7-9　手工展色和机械展色

（5）逐次修正：将展色色样与客户提供的标准色样进行比对。一般情况下，将色样置于标准看样台下进行比对，用目测法进行判定，色样颜色不一致需多次修改墨量、展色、对比，逐次修正结果直至目测合格。若客户提供的标准样有其他覆膜、上光等工艺技术，还需考虑相应工艺给颜色带来的影响。

注意事项：利用手工展色法，快速在白纸上均匀拍打，完成展墨，对比观察调配墨色与目标色的差异；逐次修正，反复配比，待目测无色差时，用油墨定量仪取适量油墨到展色仪的墨轮上，匀墨打样。

（6）测量色差：用密度仪分别测量客户提供的标准色样和待测色样的色差值ΔE，一般产品色差、精细印刷品色差值，如果测定的色差在允许的范围内，则说明调配的色样符合要求，如果色差比较大，需要重新进行修正。

完成调配、数据记录、及时清洁。

按上述流程将实验完成的数据记录在表 7-1 中。

表 7-1　三种色样实验数据记录

目标色样	观察判断色样（双色混/三色混）	分析主色和辅色（C/M/Y）	粘贴调配墨色样张	
			手工展色样张	机械展色样张
1号				
2号				
3号				

印刷企业在生产中经常要根据原稿的特点或客户的需求调配专色油墨，尤其在商标印刷、地图印刷、包装印刷等印刷产品中需要使用大量专色油墨。全国职业技能大赛印刷媒体技术项目中复色墨调配是其中一个重要的环节，专色油墨的调配决定最后印制的印刷产品颜色质量是否过关。

任务三　分色辨析

分色辨析侧重于培养学生在印刷实际生产中的四色印版鉴别能力。印前分色制版工序将彩色原稿分解为 C、M、Y、K 四个单色印版，印刷工序利用 CMYK 四色油墨通过印版传递到承印材料上，以色料层叠合的方式得到彩色印刷品。

本任务针对“模块四 色彩再现”的知识设定，为学生提供计算机、Photoshop 软件、彩图原稿、截图工具、印版与印刷品、放大镜。印刷品与印版由兰州石化职业技术大学印刷厂提供，包括彩色印刷成品与配套的 C、M、Y、K 四色胶印印版，以实现观察分析实物、软件模拟练习的目的。

一、观察分析实物

印刷原稿上的分色信息在印版上都表现为灰度图模式，不同区域的明暗情况代表原稿中某一种原色的多少和浓淡程度。某原色所占的比例越大、越浓郁，在分色胶片或印版上呈现的明度越暗。原色比例越小，在分色胶片或印版上颜色越明亮。图 7-10 为印版实物，上面的颜色为感光物质的颜色，C、M、K、Y 四色印版都会呈现深浅不一的该种颜色。为了避免印刷龟纹的出现，C、M、Y、K 四色印版的加网角度各不相同，可以用印版测试仪观察。

图 7-10　印版实物

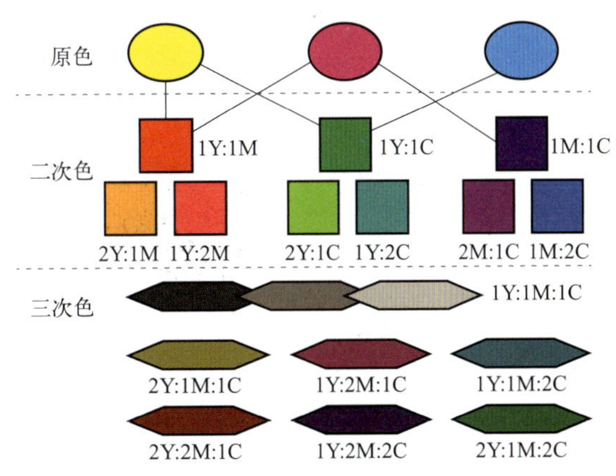

图 7-11　特征色选择

印版鉴别时，选择原稿上有代表性的特征色，如图 7-11 所示，观察彩色印刷品和四张印版的相同位置区域，先从印刷品上的三原色（黄色、品红色、青色）和典型间色（红色、绿色、蓝色）入手分析，再从复色分析，最终区分黄、品红、青、黑四色印版。本任务训练必须熟练掌握色料混合规律，相当于色料混合的逆应用，通过系统性训练提高印版辨识的效率及准确性，实现快速准确辨识四色印版以解决实际生产问题的目的。

学生划分小组，利用 Photoshop 软件制作分色图，组间互测比评。分色图的制作过程：用 PS 软件打开彩色原稿，设置为 CMYK 模式，截取当前视图粘贴于 word 中；关闭“通道”调板的眼睛，每次只允许单一通道显示，分别截取 4 幅灰度图，以任意顺序粘贴在 word 中，完成一道分色图辨识题目。出题组记录 4 张灰度图的颜色顺序，此答案装于信封；待答题组作答完毕，立即公布结果，现场打分。

以水果篮为例，分析思路：首先，从图 7-12 中的原色区域（黄色柠檬）开始，找出 4 张灰度图中该区域颜色最深的，即②为 Y 色；接着，从间色区域（红色、橘黄色）分析，按照色料减色法应由黄色和品红色以不同比例混合得到，红色区域的品红含量很高、橘色区域的品红含量稍低，找出 3 张灰度图中该区域颜色较深的，即③为 M 色；然后，从间色区域（绿色系）分析，主要由黄色和青色混合而成，找出 2 张灰度图中该区域颜色深的，即④为 C 色；最后 1 张灰度图①为 K 色。样例中包含较多的典型色（原色 CMY/ 间色 RGB），分色辨识相对容易；随着学生进阶训练，彩图以复色为主，难度逐渐加大。

图 7-12　分色印版识别

二、软件模拟练习

利用 Photoshop 软件，将原稿图像从 RGB 色彩模式转换成 CMYK 色彩模式，选定油墨和分色类型，并设定相关参数，得到分色效果图。

打开 PS 中的颜色设置菜单，如图 7-13 所示，在颜色设置对话框的工作空间内的“CMYK”处选自定，在弹出的对话框中确定如下参数：①确定油墨类型，在“油墨颜色”内选择实际使用的油墨；②确定网点扩大值，针对不同印刷机、不同纸张选用不同扩大量，一般铜版纸胶印网点扩大量不超过 15%，控制较好的可以设定为 10% ～ 12%；③选择分色类型，如图 7-14 所示，在分色时采用 UCR（底色去除）工艺还是 GCR（灰成分替代）工艺；选用 GCR 时，必须配合使用黑版生成和 UCA（底色增益）；④设定黑版产生，根据原稿特点确定，可以选择无、较少、中、较多、最大值，以获得短调黑版、中调黑版、长调黑版；短调黑版适合色彩明快、颜色鲜艳、整个画面中黑色较少的彩色原稿印刷复制，中调黑版适合所有正常阶调的图像复制，原稿中黑色量占总面积的比例接近 50%，长调黑版适合以黑为主、以彩色为辅的原稿；⑤黑色油墨限制，一般高档产品设为 90%，报纸设为 85%；⑥油墨总量限制，一般高档产品设为 320% ～ 360%，报纸设为 240% ～ 260%；⑦ UCA 数量设定，如果图像暗调层次特别丰富，可设定 UCA 增益量（强调暗调的细微层次，适当增加暗调处 CMY 的网点数）；以色彩为主的及暗调色彩丰富的原稿，UCA 值高一些。

图 7-13　Photoshop 软件中参数设置

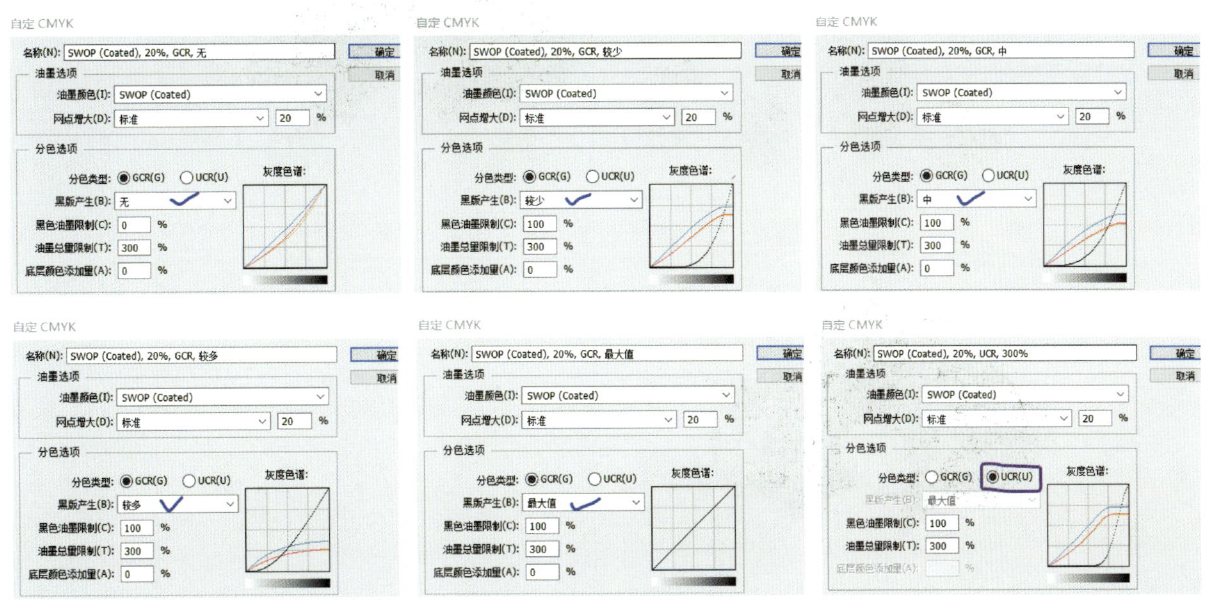

图 7-14　分色工艺参数设置

图 7-15 为长调黑版的应用，图 7-16 为短调黑版的应用。

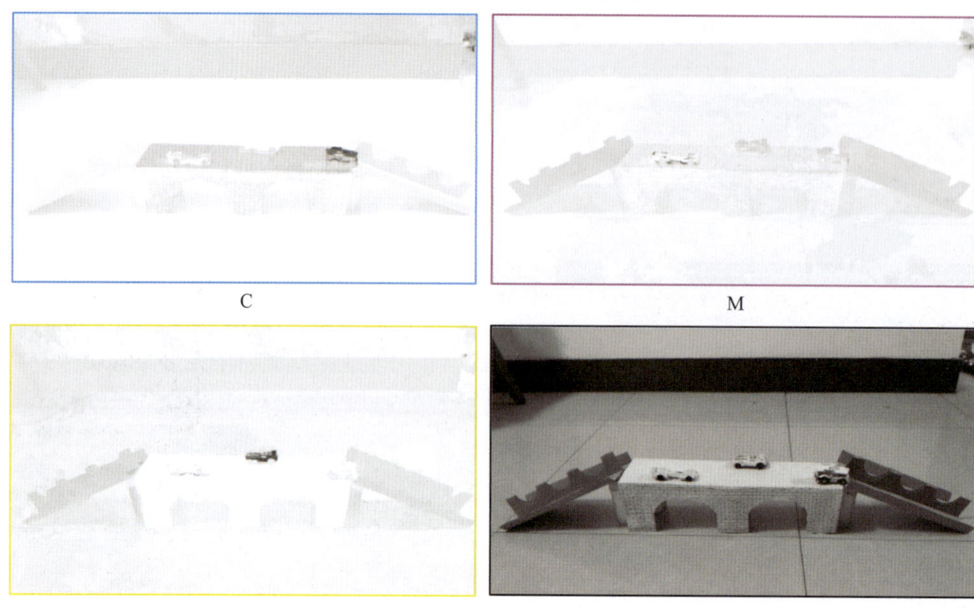

图 7-15　长调黑版应用案例

图 7-16　短调黑版应用案例

任务四 色彩测量

色彩测量是客观评价印刷品质量的重要方法。通过测色仪器对印张的特定区域进行测量，评价所印制的色彩是否满足印刷复制生产要求。

仪器测量方法可分为分光光度法和光电积分法，分光光度法主要是测量物体的光谱反射率或物体本身的光谱光度特性，然后再由这些光谱测量数据通过计算求得物体在各标准照明体及标准观察者下的三刺激值。这是一种精确的颜色测量方法。光电积分法把光电探测器的光谱响应匹配成所要求的 CIE 标准色度观察者光谱三刺激值曲线或某一特定的光谱响应函数，从而对探测器所接收的来自被测颜色的光谱能量进行积分测量。这类仪器测量速度快，精度较高。但现在随着仪器科学的进步，分光测量仪器在保证测量精度的基础上，速度很快，价格也便宜。

本任务针对“模块五 评价色彩”的知识设定，为学生提供 3 种颜色测量仪器，分别是 CRD-998 彩色反射密度仪、爱色丽手持式分光密度计、Ci60 积分球色差仪。待测量的印刷样张由兰州石化职业技术大学印刷厂提供，包括成品印张和次品印张，以实现色彩测量、颜色评价的目的。

一、CRD-998 彩色反射密度仪的使用

可以测量反射原稿、打样稿、印刷品样张的实地密度、网点面积、网点扩大率、叠印率、相对反差等数据。适用于印刷行业、油墨行业、包装行业的颜色质量控制，如图 7-17 所示。

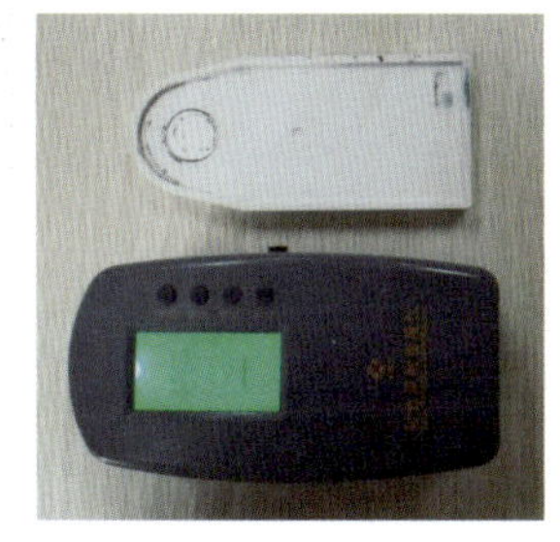

图 7-17 CRD-998 彩色反射密度仪

测色前，必须进行校正清零，以保证仪器测量的准确性和稳定性。

校正步骤：按模式键→选中测量任务→进入“绝对密度”测量界面→按清零键→将密度仪放入标准白板中，按下测量头完成校正清零。

测量步骤：选择模式→选中测量任务→长按模式键，进入该项目的测量界面→按照提示进行测量操作。

二、爱色丽手持式分光密度计的使用

可以测量印刷品密度、网点面积、网点增大、叠印率、印刷反差、灰度、$L^*a^*b^*$ 值、$L^*c^*h^*$ 值等数据，兼具密度测量和色度测量的功能。在实际生产过程中，能实际指导整个印刷生产过程，以数据来实现对印刷色彩的质量监控。适用于制版业、各类印刷包装和油墨生产的颜色质量控制。

为了便于数据的交流，在测量的过程中要充分考虑数据测量的条件，主要包含以下信息。

1. 色度

色度数据测量或计算时用到的照明光源 D_{50}\D_{65}\A\C…；观察者所使用的角度 2°或 10°；测量条件使用（ISO 13655 M0、M1、M2、M3，如表 7-2 所示）；反射试样的背衬，黑色背衬为“bb”，白色背衬为“wb”；如果测量色差，所使用的色差公式及参数需一致。

表 7-2 仪器测量条件

测量条件和过滤器	
M0	无滤镜，包含紫外线
M1	第 1 部分，业内首个在整个可见光谱中使用 D_{50}（日光）
M2	UV 滤镜，排除紫外线
M3	偏振滤光器

2. 密度

密度转台 T、E、V⋯；测量条件使用（ISO 13655 M0、M1、M2、M3）；反射试样的背衬，黑色背衬为“bb”，白色背衬为“wb”；数据必须使用同一台仪器进行测量。图 7-18 所示为爱色丽分光密度计。

3. 操作步骤

仪器校准：每天使用仪器前需要进行一次校正，以保证仪器的准确性和稳定性。当仪器处于打开位置时，校准仪板将直接位于光学元件下方。测量时，校准仪板移到后面，完成校准工作，如图 7-19 所示。

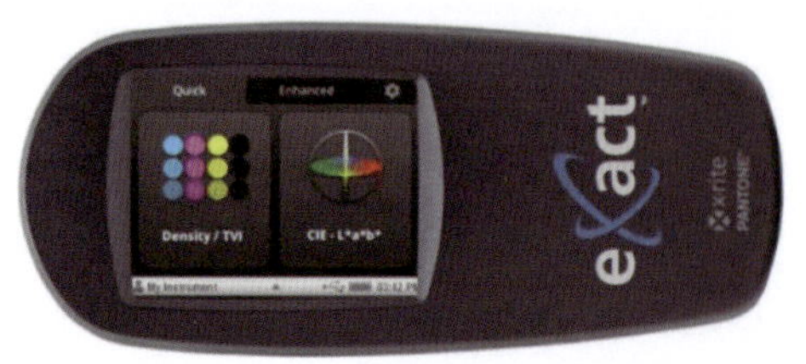

图 7-18　爱色丽手持式分光密度计　　图 7-19　校准

测量颜色：选择单个“CIE $L^*a^*b^*$ 模式”→测量印刷品，得出不同样品的 L^*、a^*、b^* 参数值，如图 7-20 所示。

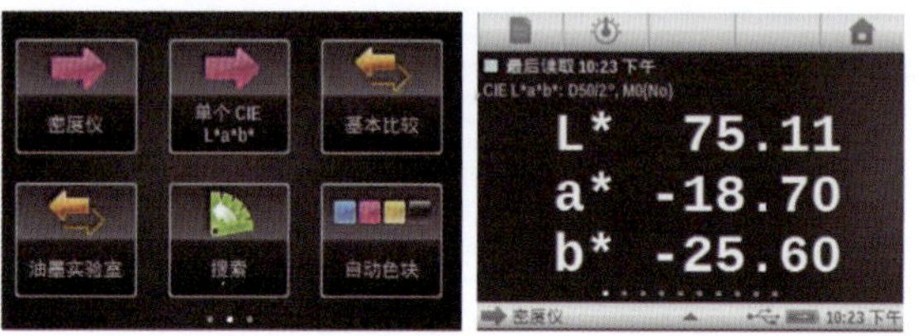

图 7-20　单个 CIE 参数测量

测量色差：选择“基本比较”模式→先读取标准色样参数→返回测量印刷品得出样品的 ΔL^*、Δa^*、Δb^* 和 ΔE^* 参数值，如图 7-21 所示。

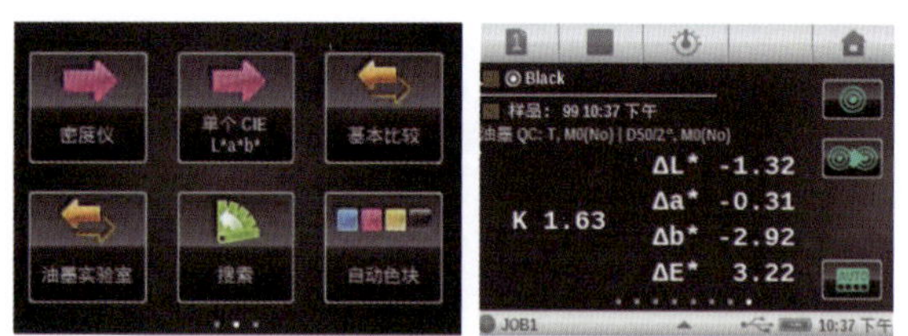

图 7-21　色差测量

三、Ci60 积分球色差仪的使用

积分球色差仪是专为测量和识别整个生产过程中的色彩质量而设计的，如图 7-22 所示。配有合格 / 不合格指示灯，适用于包装印刷、塑料和涂料等领域，尤其是反光或纹理表面。

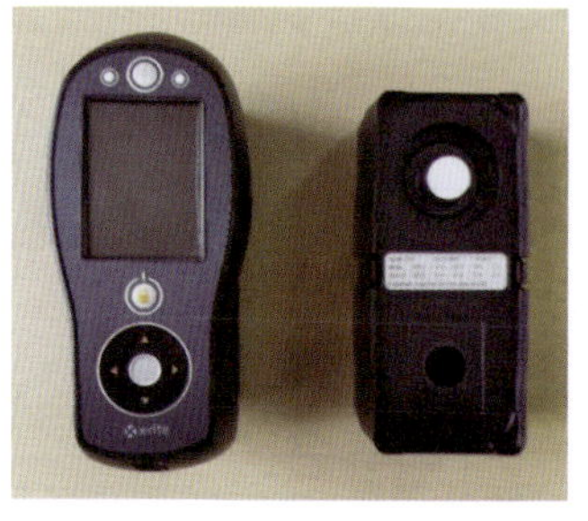

图 7-22　Ci60 积分球色差仪

四、测量色彩并记录数据

对成品印张和次品印张的待测区域进行颜色测量，记录数据填入表 7-3、表 7-4。

表 7-3　色样颜色测量（一）

成品印张色块	绝对密度				相对密度			
	*C*值	*M*值	*Y*值	*K*值	*C*值	*M*值	*Y*值	*K*值
C								
M								
Y								
K								
次品印张色块	绝对密度				相对密度			
	*C*值	*M*值	*Y*值	*K*值	*C*值	*M*值	*Y*值	*K*值
C								
M								
Y								
K								

注：绝对密度以标准白板调零，相对密度以印张白纸调零。

表 7-4　色样颜色测量（二）

成品印张色块	$D_{50}/2°$			$D_{50}/10°$			$D_{65}/2°$			$D_{65}/10°$		
	L	*a*	*b*	*L*	*a*	*b*	*L*	*a*	*b*	*L*	*a*	*b*
C												
M												
Y												
K												
次品印张色块	$D_{50}/2°$			$D_{50}/10°$			$D_{65}/2°$			$D_{65}/10°$		
	L	*a*	*b*	*L*	*a*	*b*	*L*	*a*	*b*	*L*	*a*	*b*
C												
M												
Y												
K												

利用色差公式计算填入表 7-5。

$$\Delta E_{ab}=\sqrt{\left(L_1-L_2\right)^2+\left(a_1-a_2\right)^2+\left(b_1-b_2\right)^2}$$

表 7-5　色样色差计算

计算 $D_{50}/2°$ 测量条件下的色差			
C 色块	M 色块	Y 色块	K 色块
计算 $D_{65}/2°$ 测量条件下的色差			
C 色块	M 色块	Y 色块	K 色块

再进行色差测量（$D_{50}/2°$、M0 状态），用于检验计算结果。

任务五* 印刷油墨颜色质量的GATF评价方法

一、评价油墨颜色质量的参数

目前在印刷界广泛采用 GATF（美国印刷技术基金会）推荐的方法来评价油墨颜色质量。该方法通过计算色强度、色相误差、灰度、色效率四个参数来评价油墨的颜色质量特性。

1. 色强度

色强度是指原色油墨在其补色滤色片下测得的反射密度值，通常在测量过程中，会得到三个不同的数值，三种滤色片密度中，密度数值最大的一个即为该油墨的色强度。例如在表 7-6 中，每一行表示该色油墨在三种滤色片下的测量值；每一列表示三种油墨在同一滤色片下的密度值。三原色油墨密度中，以黄色油墨为例进行分析，因为黄色油墨中掺杂了品红色和青色的成分，会得到三个密度数值，密度数值最大的 1.00 为该油墨的色强度，也是黄色油墨的主密度值，其余两个为不应有密度。同理可得，品红色油墨的色强度为 1.45，青色油墨的色强度为 1.55。油墨色强度决定了油墨颜色的饱和度，同时，也影响着间色和复色色相的准确性、中性色是否能达到平衡等问题。

表 7-6　某品牌油墨密度值

油墨	滤色片		
	R	G	B
Y	0.06	0.11	1.00
M	0.18	1.45	0.77
C	1.55	0.52	0.17

2. 色相误差

又称色偏，因为油墨颜色不纯洁，对光谱的选择吸收不良，产生不应有密度，所以造成色相误差。不应有密度的大小就是这种色相误差的反映。从表 7-6 中可以看到，各种原色都可以用 R、G、B 滤色片测量，得到高、中、低三个不同大小的密度值。色相误差可由这三个密度值按照下面的公式进行计算。油墨的色相误差 E_h 用百分比表示：

$$E_h = \frac{D_M - D_L}{D_H - D_L} \times 100\%$$

式中　E_h——色相误差；

D_M——油墨三滤色片密度中的中间值；

D_L——油墨三滤色片密度中的最小值；

D_H——油墨三滤色片密度中的最大值。

以表 7-6 中的青油墨为例，假设该油墨的低密度值是用密度计的蓝色滤色片测得的，则低密度值体现了实际青色油墨中含黄墨的量；中密度值是用密度计的绿色滤色片测得的，则中密度值体现了实际青色油墨中含品红油墨的量；高密度值是用其补色红色滤色片测得的，其体现了实际青色油墨中含理想青色墨的量。其色相误差为：

$$E_h=(0.52-0.17)/(1.55-0.17)\times 100\%=25.4\%$$

3. 灰度

油墨的灰度，可以理解为该油墨中含有非彩色的成分。如前所述，这是由于低密度值处不应有吸收所造成的，它只起消色作用。灰度以百分比表示，用下面的方法计算：

$$G_r = \frac{D_L}{D_H} \times 100\%$$

式中，G_r 为色相误差。

以表 7-6 中的青油墨为例，其灰度为 $G_r=(0.17\div1.55)\times100\%=10.97\%$。灰度对油墨的饱和度有很大影响，灰度的百分数越小，油墨的饱和度就越高。

4. 色效率

色料呈现彩色的强弱分别由选择性吸收和反射能力来决定。油墨色效率是指吸收色光与反射光形成的密度差与吸收某些色光形成的密度的百分率。因为油墨存在不应有吸收和吸收不足，就使得油墨颜色效率下降，可按下式计算：

$$\mathrm{CE}=1-\frac{D_{\mathrm{M}}+D_{\mathrm{L}}}{2D_{\mathrm{H}}}\times100\%$$

以表 7-6 中的青油墨为例，它的色效率为 $\mathrm{CE}=1-(0.17+0.52)\div(2\times1.55)\times100\%=77.74\%$。色效率只对三原色油墨有意义，对于两原色油墨叠印的间色（二次色）就没有实际意义了。

二、GATF 色轮图

美国印刷技术基金会所推荐的色轮图，如图 7-23 所示，以油墨的色相误差和灰度两个参量作为坐标，圆周分为三原色 Y、M、C 和三间色 G、R、B 六个等份，圆周上的数字表示色相误差，从圆心向圆周半径方向分为 10 格，每格代表 10%，最外层圆周上灰度为 0（饱和度最高为 100%），圆心上灰度为 100%（消色，饱和度最低，等于 0）。请根据前面学习的内容计算色相误差、灰度和色效率，将数据填入表 7-7 中，再根据数值在色轮图中描点绘制三原色油墨的色域。

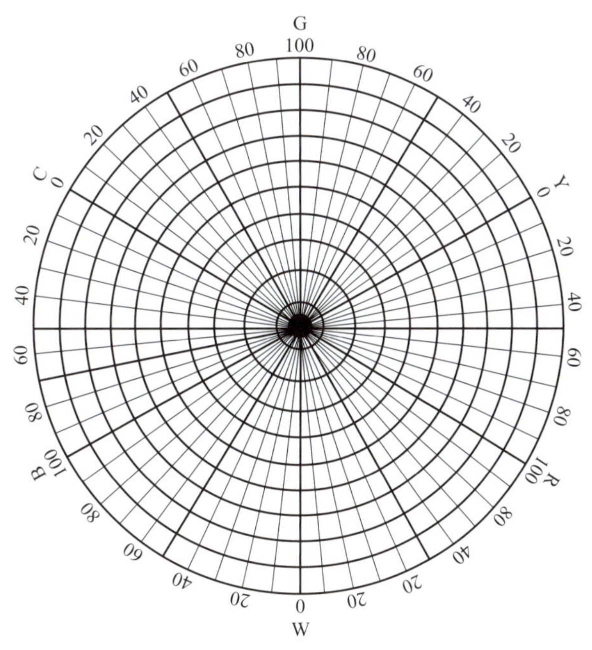

图 7-23　GATF 色轮图

表 7-7　某品牌油墨密度值

色别	颜色密度			色相误差 /%	灰度 /%	色效率 /%
	R	*G*	*B*			
Y	0.06	0.11	1.00	5.3		
M	0.18	1.45	0.77	46.5		
C	1.55	0.52	0.17	25.4		
C+Y	1.48	0.54	0.85			
M+Y	0.18	1.46	1.43			
C+M	1.57	1.55	0.72			

在色轮图上描点时要注意以下两点：

（1）对于 Y、M、C 三原色的色相误差以零为标准，在确定这一色相误差偏离原色坐标的方向时，以那个滤色片测得的密度值最小为依据，即表示某颜色较多地反射了该滤色片的色光，故偏靠该滤色片的方向，即色相误差就偏向该滤色片的颜色。

（2）对于 R、G、B 三间色的色相误差，以 100 为标准，因为理想的绿（G）色在绿滤色片下的密度值应为 0，而在红和蓝滤色片下的密度应呈现最高值，如表 7-8 所示，所以理想绿色的色相误差为 100%，但实际上是 32.9%。

表 7-8　某品牌油墨理想绿色和实际绿色的三滤色片密度

色别	滤色片		
	R	*G*	*B*
理想绿色	2.00	0	2.00
叠印绿色（C+Y）	1.48	0.54	0.85

GATF 色轮图采用色相误差和灰度两个坐标，直观清晰，很容易理解，尽管这种方法表示的正六边形，并不能像 CIE 系统那样精确，但是在包装印刷上用来分析油墨颜色的印刷特性，却是受欢迎和有效的。

参考文献

[1]郑元林，周世生.颜色科学[M].北京：化学工业出版社，2021.
[2]程杰铭，郑亮，刘艳.色彩原理与应用[M].北京：文化发展出版社，2013.
[3]林茂海，吴光远，郑元林，等.颜色科学与技术[M].北京：中国轻工业出版社，2021.
[4]王晓红，徐敏.色彩理论与实务实验指导书[M].北京：文化发展出版社，2016.
[5] GB/T 5698—2001.颜色术语[S].北京：中国标准出版社，2001.
[6] GB/T 15608—2006.中国颜色体系[S].北京：中国标准出版社，2006.
[7] GB/T 7921—2008.均匀色空间和色差公式[S].北京：中国标准出版社，2008.
[8] GB/T 3978—2008.标准照明体和几何条件[S].北京：中国标准出版社，2008.